U0174388

ABB 工业机器人故障诊断与
维护保养实战教程

主　编　谭小蔓　龙建飞　李国东

副主编　张聚峰　翟东丽　黄莉莉　王承勇

参　编　王寅飞　王　星　叶　晖　朱大昌　杜青松

机 械 工 业 出 版 社

本书以工业机器人故障诊断与维护平台为载体，从工业机器人安全、常用维护工具入手，围绕工业机器人控制柜故障诊断、维护与维修，以及工业机器人本体的维护维修这一主要内容，用详细的操作步骤及图文对 ABB 工业机器人维护与维修等进行讲解，让读者了解与 ABB 工业机器人相关的故障诊断及维护的注意事项，掌握 ABB 工业机器人常见故障的处理及控制柜故障诊断技巧。本书提供书中部分章节的视频资源，可通过手机扫描前言中的二维码获取。为便于读者随时学习，本书提供 PPT 课件，可通过联系 QQ296447532 获取。

　　本书适合作为职业院校工业机器人技术专业、机电一体化专业、自动化专业的学生用书，也适合作为从事 ABB 工业机器人应用的操作、设备维修人员及工程师的学习参考用书。

图书在版编目（CIP）数据

ABB工业机器人故障诊断与维护保养实战教程/谭小蔓，龙建飞，李国东主编. —北京：机械工业出版社，2020.8（2025.1重印）

ISBN 978-7-111-65896-2

Ⅰ．①A… Ⅱ．①谭… ②龙… ③李… Ⅲ．①工业机器人—故障诊断—高等职业教育—教材 ②工业机器人—故障诊断—高等职业教育—教材 Ⅳ．①TP242.2

中国版本图书馆CIP数据核字（2020）第105676号

机械工业出版社（北京市百万庄大街22号　邮政编码100037）

策划编辑：周国萍　　责任编辑：周国萍　刘本明

责任校对：张　力　　封面设计：马精明

责任印制：张　博

北京建宏印刷有限公司印刷

2025年1月第1版第9次印刷

184mm×260mm · 11印张 · 270千字

标准书号：ISBN 978-7-111-65896-2

定价：49.00元

电话服务　　　　　　　　　网络服务

客服电话：010-88361066　　机　工　官　网：www.cmpbook.com

　　　　　010-88379833　　机　工　官　博：weibo.com/cmp1952

　　　　　010-68326294　　金　书　网：www.golden-book.com

封底无防伪标均为盗版　　机工教育服务网：www.cmpedu.com

前言

自工业革命以来，人力劳动已经逐渐被机械所取代，这种变革为人类社会创造出了巨大财富，极大地推动了人类社会的进步。随着"工业 4.0"的到来，中国提出了"中国制造 2025"，其中主要包括十个领域，分别为新一代信息技术产业、高档数控机床和机器人、航空航天装备、海洋工程装备及高技术船舶、先进轨道交通装备、节能与新能源汽车、电力装备、农机装备、新材料、生物医药及高性能医疗器械。其中，工业机器人作为自动化技术的集大成者，已成为推动生产力进步不可缺少的一部分。当前机器人产业的发展规划是到 2020 年国内工业机器人装机量达到 100 万台，这至少需要 20 万工业机器人应用相关从业人员，并且以每年 20% ～ 30% 的速度持续递增。2019 年 4 月 3 日，人力资源和社会保障部正式公布了两个新职业：工业机器人系统操作员和工业机器人系统运维员。为了满足新职业的人才培养需求，我们开发了工业机器人故障诊断与维护平台，并开发了配套教学资源，从硬件设备到软性资源支持新职业的职业培训及学习。

本书以工业机器人故障诊断与维护平台为载体，以 ABB 工业机器人为研究对象，从工业机器人安全、常用维护工具入手，围绕工业机器人控制柜故障诊断、维护与维修，以及工业机器人本体的维护维修这一主要内容，用详细的操作步骤及图文对 ABB 工业机器人维护与维修等进行讲解，并总结了 ABB 工业机器人常见故障的处理及控制柜故障诊断技巧，便于读者掌握工业机器人相关的常见故障诊断、周期维护保养及维修操作。

本书提供书中部分章节的视频资源，可通过手机扫描下面的二维码获取。为了便于读者随时学习，本书提供 PPT 课件，可通过联系 QQ296447532 获取。

本书内容简明扼要、图文并茂、通俗易懂，适合作为职业院校工业机器人技术专业、机电一体化专业、自动化专业的学生用书，也适合作为从事 ABB 工业机器人应用的操作、设备维修人员及工程师的学习参考用书。本书由谭小蔓、龙建飞、李国东任主编，张聚峰、翟东丽、黄莉莉、王承勇任副主编，参加编写的有王寅飞、王星、叶晖、朱大昌和杜青松。由于编者水平有限，书中难免出现疏漏，欢迎广大读者提出宝贵意见和建议。

编　者

目录

项目一

工业机器人安全

○ 项目目标

- 清楚安全生产的重要性
- 认识和理解安全标志及操作提示
- 了解安全操作注意事项
- 了解 ABB 工业机器人的安全保护机制
- 了解安全相关注意事项

○ 任务描述

通过本项目的学习，认识到安全生产的重要性，在进行工业机器人维护和维修时一定要有足够的安全意识，严格按照安全操作规程进行检修。

任务 1-1 常规安全信息

◆ 任务描述

本任务详细介绍了有关执行安装、维护和维修工作人员应熟知的常规安全信息。

◆ 知识学习

1. 认识安全生产的重要性

工业化在丰富人类物质生活的同时，也逐渐成为威胁人身安全的"杀手"，生产事故的频发使得安全生产这一话题越来越受到关注。"预防为主"是安全生产方针的核心和具体体现，是实施安全生产的根本途径。除了自然灾害造成的事故以外，任何建筑施工、工业生产事故都是可以预防的。必须将工作的立足点纳入"预防为主"的轨道，"防患于未然"，把可能导致事故发生的所有机理或因素消除在事故发生之前。

"安全"是一个经久不衰的话题，人们对它的理解也越来越深入。有人说安全是一种确保人员和财产不受损害的状态；也有人说无危则安，无缺则全，安全就是没有危险且尽善尽美。我们所要讲的安全是指客观事物危险程度能够被人们普遍接受的状态，或者说是一种伴随着生产而来的状态，它与我们的日常工作和生活息息相关。对于企业来说，生产应始终围绕安全展开。只有严格遵守安全操作规程，关注工作的细节，才能让安全工作真正落到实处，才能使"不伤害自己、不伤害别人、不被别人伤害、保护他人不受伤害"的承诺成为现实。

安全与生产的辩证统一关系是：生产必须安全，安全促进生产。

2. 认识安全标志与操作提示

在对工业机器人进行任何操作时，必须遵守产品上的安全标志。安全标志是出于安全考虑而设置的指示牌，以减少安全隐患。

3. 在工业机器人及控制柜上的安全标志

工业机器人本体及控制柜上的安全标志及含义见表 1-1，请务必熟知。

表 1-1　工业机器人本体及控制柜上的安全标志及含义

标　志	名　称	含　义
⚠	危险	警告如果不依照说明操作，就会发生事故，并导致严重或致命的人员伤害和 / 或严重的产品损坏。该标志适用于以下险情：碰触高压电气单元、爆炸、火灾、吸入有毒气体、挤压、撞击和高空坠落等
⚠	警告	警告如果不依照说明操作，可能会发生事故，造成严重的伤害（可能致命）和 / 或重大的产品损坏。该标志适用于以下险情：触碰高压电气单元、爆炸、火灾、吸入有毒气体、挤压、撞击、高空坠落等
⚡	电击	针对可能会导致严重的人身伤害或死亡的电气危险的警告
❗	小心	警告如果不依照说明操作，可能会发生能造成伤害和 / 或产品损坏的事故。该标志适用于以下险情：灼伤、眼部伤害、皮肤伤害、听力损伤、挤压或滑倒、跌倒、撞击、高空坠落等。此外，它还适用于某些涉及功能要求的警告消息，即在装配和移除设备过程中出现有可能损坏产品或引起产品故障的情况时，就会采用这一标志
⚡	静电放电（ESD）	针对可能会导致严重产品损坏的电气危险的警告
ℹ	注意	描述重要的事实和条件
💡	提示	描述从何处查找附加信息或如何以更简单的方式进行操作

工业机器人本体和控制器上都贴有数个安全和信息标签，其中包含产品的重要相关信息。这些信息对所有操作工业机器人系统的人员都非常有用。在对工业机器人进行任何操作时，特别是在安装、检修或操作期间，必须遵守产品上的安全操作提示。在工业机器人本体和控制柜上的操作标志及说明见表 1-2。

表 1-2　工业机器人本体和控制柜上的操作标志及说明

标　志	名　称	描　述
	禁止	此标志要和其他标志组合使用才会代表具体的意思
	请参阅用户文档	请阅读用户文档（如产品手册），了解详细信息
	请参阅产品手册	在拆卸之前，请参阅产品手册
	不得拆卸	拆卸此部件可能会导致伤害
	旋转更大	此轴的旋转范围（工作区域）大于标准范围。一般用于大型工业机器人（如 IRB 6700）的轴 1 旋转范围的扩大
	制动器释放	按此按钮将会释放制动器，这意味着工业机器人可能会掉落。特别是在释放轴 2、轴 3 和轴 5 时要注意工业机器人对应轴因为重力的作用而向下失控的运动
	倾翻风险	如果工业机器人底座固定用的螺栓没有在地面做牢靠的固定，那就可能造成工业机器人的翻倒。所以要将工业机器人固定好并定期检查螺栓的松紧
	小心被挤压	此标志处有人身被挤压伤害的风险，请格外小心
	高温	此标志处由于长期高负荷运行，部件表面存在可能导致灼伤的高温风险
	工业机器人移动	工业机器人可能会意外移动
	工业机器人移动	工业机器人可能会意外移动

（续）

标　志	名　称	描　述
	制动器释放按钮	单击某个编号的按钮，对应的电动机制动器会释放
	吊环螺栓	一个紧固件，其主要作用是起吊工业机器人
	带缩短器的吊货链	用于起吊工业机器人
	工业机器人提升	该标志用于对工业机器人的提升和搬运的提示
	加注润滑油	如果不允许使用润滑油，则可与禁止标志一起使用
	机械挡块	起到定位或限位作用
	无机械限位	表示没有机械限位
	储能	警告此部件蕴含能量，一般与不得拆卸标志一起使用
	压力	警告此部件承受了压力。通常另外印有文字，标明压力大小
	使用手柄关闭	使用控制器上的电源开关

（续）

标　志	名　称	描　述
	不得踩踏	警告如果踩踏此标志处的部件，会造成工业机器人部件的损坏
Warning High voltage inside the module even if the Main Switch is in OFF-position.	警告标志	模块内可能有高压危险，即使主开关已经处于 OFF（关）位置
Max LOAD 500kg/1100lb 	起吊说明	IRC5 控制器的起吊说明
	阅读手册标志	维修前阅读用户手册
ABB Elektrisk säkerhets kontroll (ES)	电气安全检查标志	工业机器人系统的电气安全检查（内部）
ABB ACCEPTED	功能测试标志	工业机器人系统的功能测试（内部）
c $\mathbb{R}^®$ US	UR 标志	UR 认证，产品认证安全标志
ABB Engineering(Shanghai) Ltd. 201319 Shanghai　　　　Made in China Type:　　　　　　　　　　IRB 120 Robot variant:　　　　　IRB 120-3/0.6 Protection:　　　　　　　Standard Payload:　　　　　　　　3 kg Circuit diagram:　　See user documentation Serial no:　　120-509109 Date of manufacturing:　　20190218 Max load:　　See load diagram Net weight:　　25 kg	额定值标志	标明该款工业机器人的额定数值

（续）

标　志	名　称	描　述
1200-501036 Axis　Resolver values 1　5.0377 2　1.4709 3　0.1910 4　5.2723 5　2.0110 6　3.1559	校准数据提示	标明该款工业机器人每个轴的转数计数器更新的偏移数据
120-509109	工业机器人序列号标志	该款工业机器人产品的序列号（每台机器人的序列号都是唯一的）

任务 1-2　了解 ABB 工业机器人的安全保护机制

◆ 任务描述

工业机器人系统可以配置各种各样的安全保护机制，如门互锁开关、安全光幕等。打开工业机器人单元的门互锁开关，机器人会停止运行，可避免造成人机碰撞伤害。通过本任务的学习，理解什么是工业机器人的安全保护机制及安全回路的接线。

◆ 知识学习

1. 工业机器人停止功能概述

在工业机器人系统中有多个不同的机器人停止功能，如：硬件停止连接到运行链、手动停止、用系统输入信号停止、用 RAPID 指令停止以及系统故障停止等。

停止可分为 0 类和 1 类模式，参见工业机器人工业标准 IEC 60204。0 类停止是指通过马上切断机器执行机构电源的停止，即不受控停止。在 IRC5 中，马上切断驱动装置电源即可。1 类停止是指在机器执行机构通电情况下停止，然后再断电，即受控停止。在 IRC5 中，使用伺服驱动装置使机器停止 1s 左右后，切断驱动装置电源即可。

2. ABB 工业机器人的安全保护机制

ABB 工业机器人控制器有三个独立的安全保护机制，即安全停止，分别为自动停止（AS）、常规停止（GS）和上级停止（SS），见表 1-3。这些停止都属于 EN 13849-1：2015 中描述的安全类别 3，该安全类别是双信道发起的停止，是通过将硬件停止连接到运行链实现的。

表1-3 ABB 工业机器人的安全保护机制

停 止 连 接	描 述
自动停止（AS）	在自动操作模式中断开驱动电源，用作自动模式中的保护性停止。在手动模式中，此输入连接不活动 （仅在自动模式下有效）
常规停止（GS）	在所有操作模式中断开驱动电源，用作所有操作模式中的保护性停止 （在任何操作模式下都有效）
上级停止（SS） （不适用于 IRC5 紧凑型控制柜）	在所有操作模式中断开驱动电源，用作所有操作模式中的保护性停止，主要用于外部设备 （在任何操作模式下都有效）

注：上级停止和常规停止功能及保护机制基本一致，是基于常规停止回路的扩展，其主要用于连接外部设备，如安全 PLC。

下面以 ABB 工业机器人 IRC5 紧凑型控制柜为例进行说明。图 1-1 所示为 IRC5 紧凑型控制柜面板接口。

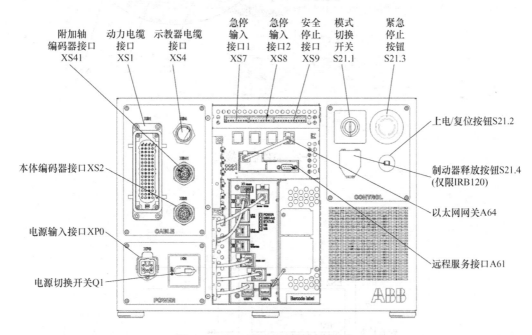

图 1-1 IRC5 紧凑型控制柜面板接口

急停输入接口 XS7、XS8 如图 1-2 所示。紧急停止回路 ES1 和 ES2 分别接入 XS7 上的针脚 1 和 2 及 XS8 上的针脚 1 和 2，这两组线形成双回路，同通同断，ES1 和 ES2 另外一端接入对应安全装置的常闭触点即可，如图 1-3 所示。

自动停止回路 AS1 和 AS2 分别接入 XS9 上的针脚 5 和 6 及 11 和 12，AS1 和 AS2 另外一端接入对应安全装置的常闭触点即可，如图 1-4 所示。

常规停止回路 GS1 和 GS2 分别接入 XS9 上的针脚 4 和 6 及 10 和 12，GS1 和 GS2 另外一端接入对应安全装置的常闭触点即可，如图 1-4 所示。详情请查阅后续章节 IRC5 紧凑型控制柜电路图解析，需要注意的是 IRC5 紧凑型控制柜不支持 SS（即上级停止）安全保护机制。

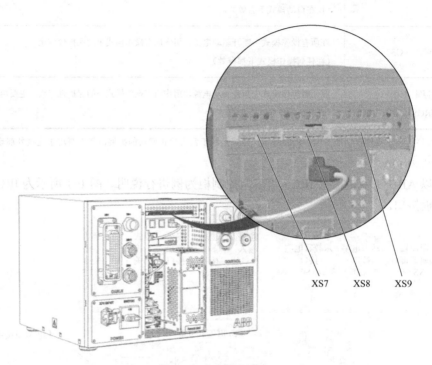

图 1-2　急停输入接口

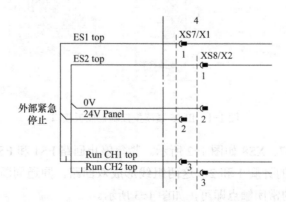

图 1-3　IRC5 紧凑型控制柜外部急停接线方式

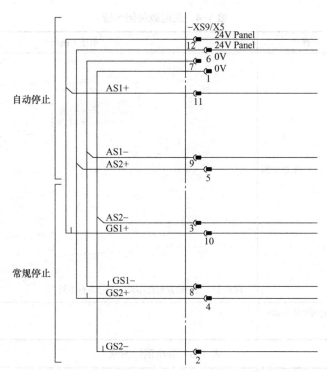

图 1-4　IRC5 紧凑型控制柜自动停止及常规停止接线方式

任务 1-3　安全相关注意事项

◆ **任务描述**

本任务详细介绍了有关执行安装、维修和维护工作的人员在进行工业机器人及控制柜安装、维修及维护时的一些安全相关注意事项。

◆ **知识学习**

（1）确保主电源已经关闭　高压作业可能会产生致命性后果。触碰高压可能会导致心跳停顿、烧伤或其他严重伤害。为了避免这些伤害，请务必在作业前确保主电源已经关闭，步骤见表 1-4。

（2）注意静电放电（ESD）的影响　在天气干燥寒冷的时候，人体特别容易积累静电。这个时候如果对工业机器人本体与控制柜进行检修，人体与电器元件就会发生静电放电。

静电放电是电势不同的两个物体间的静电传导，它可以通过直接接触传导，也可以通过感应电场传导。搬运部件或其容器时，未接地的人员可能会传导大量的静电荷。这一放电过程可能会损坏灵敏的电子装置。

常见的静电消除方法见表 1-5。

表1-4　主电源关闭步骤

步　　骤	操　　作	附注／图示
1	关闭控制柜上的主电源开关	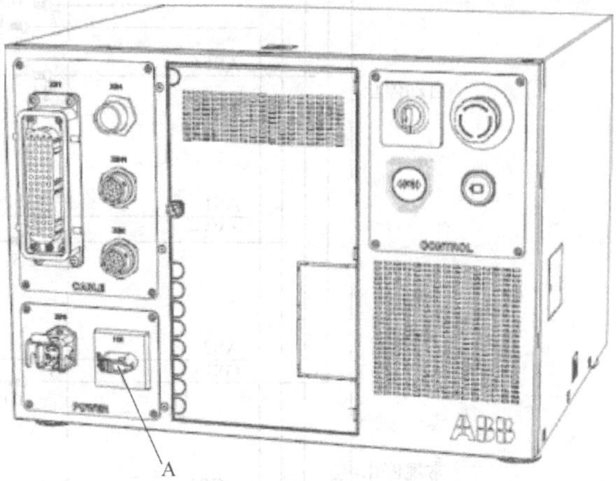 A 注意主开关的位置根据年份或型号各有不同
2	断开输入电源电缆与墙壁插座的连接	

表1-5　静电消除方法

方　　法	操　　作	注　　释
1	使用防静电手环	防静电手环必须经常检查以确保没有损坏并且要正确使用 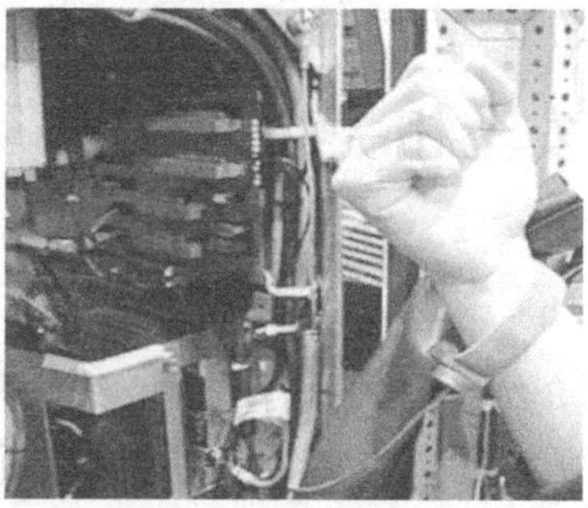
2	使用 ESD 保护地垫	地垫必须通过限流电阻接地
3	使用防静电桌垫	此桌垫应能控制静电放电且必须接地
4	用手接触这种触摸式静电消除器来去除人体的静电	 触摸式静电消除器

（3）勿站在机柜上或者将机柜用作梯子 为避免人身伤害或者损坏产品，不允许站在单机柜上或者双机柜的模块上。也不允许将单机柜或双机柜的模块用作梯子。

（4）确保没有松动的螺钉或削屑 为了避免损坏产品，应在作业完毕后检查并确保计算机装置或机柜内没有松动的螺钉、削屑或其他部件。

（5）关闭机柜门 机器人在运行时，必须正确关闭机柜门。如果没有正确关闭机柜门，则机柜不符合 IP54 或 IP20 类保护，也会影响电磁屏蔽效果。

为达到 IP54 的防护等级，必须盖好通往控制柜的所有开口。未连接的连接器必须装有盖子。

（6）控制器内有高温部件 在正常运行期间，许多工业机器人部件都会发热，尤其是驱动电动机和齿轮箱。某些时候，这些部件周围的温度也会很高。触摸它们可能会造成不同程度的灼伤。

在实际触摸之前，务必使用测温工具对组件进行温度检测确认。

如果要拆卸可能会发热的组件，应等到它冷却，或者采用其他方式处理。

（7）确保安全保管所有模式开关的钥匙 IRC5 控制器上的模式开关（CAM 开关）钥匙是为所有 IRC5 控制器上的模式开关设计的。工业机器人系统的拥有者有责任确保所有的钥匙都只能由授权人员取得，以防误用。

（8）注意带电部件相关的风险 必须由合格的电气技师按电气规定操作工业机器人的电气设备。尽管有时需要在通电时进行故障排除，但维修故障、断开电线，以及断开或连接单元时必须关闭工业机器人（将主开关设为 OFF）。必须按照能够从工业机器人工作空间外部关闭主电源的方式连接工业机器人的主电源。当在系统上操作时，要确保没有其他人可以打开控制器和工业机器人的电源，始终用安全锁将主开关锁在控制柜中是一个好方法。

所有操作必须：

1）由合格人员执行。

2）在处于锁死状态的计算机／工业机器人系统上进行。

3）在隔离状态下进行，同时切断电源并避免发生重新连接。

（9）在整个工业机器人系统中伴随有高压危险的部件

1）控制器（直流链路、超级电容器设备）存有电能。

2）I/O 模块之类的设备可从外部电源供电。

3）动力／主开关。

4）变压器。

5）电源单元。

6）控制电源（AC 230V）。

7）整流器单元（AC 262/400 ~ 480V 和 DC 400/700V）。

8）驱动单元（DC 400/700V）。

9）驱动系统电源（AC 230V）。

10）维修插座（AC 115/230V）。

11）用户电源（AC 230V）。

12）机械加工过程中的额外工具电源单元或特殊电源单元。

13）即使工业机器人已断开与主电源的连接，控制器连接的外部电压仍存在。

◆ **学习检测**

自我学习测评表如下：

学习目标	自我评价			备　注
	掌　握	理　解	重　学	
清楚安全生产的重要性				
认识和理解安全标志和操作提示				
安全操作注意事项				
了解 ABB 工业机器人的安全保护机制				
安全相关注意事项				

练习题

1. 简述安全生产的重要性。
2. 请找出车间（或实训室）机器人本体及控制柜上的安全标志并说明其含义。
3. ABB 工业机器人的安全保护机制有几种？
4. 简述 IRC5 Compact 控制柜外部急停接线方式。
5. 消除人体静电的方法有哪些？
6. 在整个机器人系统中，哪些部件可能存在高压危险？
7. 在整个机器人系统中，哪些部件可能存在高温危险？

项目二

认识工业机器人常用维护工具

⊃ **项目目标**

- 认识工业机器人控制柜维护所需工具
- 认识工业机器人本体维护所需工具

⊃ **任务描述**

通过本项目的学习，列出对工业机器人控制柜及本体进行维护时各自所需的工具清单，熟知每种工具的规格参数及使用方法，并了解工具的购买渠道及价格，为以后工作打下基础。

任务 2-1　工业机器人控制柜维护用的工具

◆ **任务描述**

除了电工常备的工具及仪表之外，表 2-1 中的工具是在对工业机器人控制柜进行维护时一定会用到的，在开始进行控制柜维护作业前要准备好对应的工具。

表 2-1　IRC5 控制柜维护标准工具包

工　具	规　格
TORX 星形螺丝刀	TX10
	TX20
	TX25
TORX 圆头螺丝刀	TX25
一字螺丝刀	4mm
	8mm
	12mm
Phillips-1 螺丝刀	5mm
套筒扳手	8mm

◆ **知识学习**

1）TORX 星形螺丝刀外形如图 2-1 所示。规格 TX10 中 TX 代表 TORX——一种螺钉槽驱动型号，不同数字表示中间星形（也就是梅花形）的大小，如图 2-2 所示。

图 2-1　TORX 星形螺丝刀（TX10、TX20）

TX5

规格：TX5×133×50mm
重量：28g

TX6

规格：TX6×144×50mm
重量：28g

TX7

规格：TX7×144×60mm
重量：28g

TX8

规格：TX5×133×50mm
重量：28g

TX10

规格：TX10×164×80mm
重量：33g

TX15×80

规格：TX15×180×80mm
重量：54g

图 2-2　TX 系列

2）TORX 圆头螺丝刀如图 2-3 所示。

3）一字螺丝刀如图 2-4 所示，规格 4mm、8mm、12mm 是指刀头的大小。

图 2-3　TORX 圆头螺丝刀（规格 TX25）　　　　图 2-4　一字螺丝刀（规格 4mm、8mm、12mm）

4）套筒扳手的外形如图 2-5 所示，需配合套筒头（见图 2-6）使用。

图 2-5　套筒扳手

图 2-6　套筒头（规格 4～14mm）

5）Phillips-1 螺丝刀外形如图 2-7 所示，该规格螺丝刀刀头直径约 5.0mm，用于 M2～
M3 的螺钉。

图 2-7　Phillips-1 螺丝刀

任务 2-2　工业机器人本体维护用的工具

◆ 任务描述

除了电工常备的工具及仪表之外，表 2-2 中的工具是在对工业机器人本体进行维护时
一定会用到的，在开始进行本体维护作业前要准备好对应的工具。

表 2-2　工业机器人本体维护标准工具包

工　具	规　格
内六角螺钉	2.5～17mm
扭矩扳手	0.5～10N·m
小螺丝刀	
塑料锤	25mm、30mm
扭矩扳手 1/2in 的棘轮头	0～60N·m，1/2in 的棘轮头
2.5 号套筒，1/2in，线长 110mm	
小剪钳	5in
带球头的 T 型手柄	3mm、4mm、5mm、6mm、8mm、10mm
星形加长扳手	9 件，包括 T10、T15、T20、T25、T27、T30、T40、T45、T50
尖嘴钳	6in
内六角加长球头扳手	9 件，包括 1.5mm、2mm、2.5mm、3mm、4mm、5mm、6mm、8mm、10mm

注：1in=25.4mm。

◆ 知识学习

1）星形加长扳手如图 2-8 所示。

2）扭矩扳手如图 2-9 所示。

图 2-8　星形加长扳手（规格：9 件，包括 T10、T15、
T20、T25、T27、T30、T40、T45、T50）

图 2-9　扭矩扳手
（规格：0 ～ 60N·m，1/2in 的棘轮头）

3）塑料锤如图 2-10 所示，规格尺寸指的是锤头的直径。

4）小剪钳如图 2-11 所示。规格 5in 是指小剪钳的全长为 5in（1in=25.4mm）。

图 2-10　塑料锤（规格：25mm、30mm）

图 2-11　小剪钳（规格：5in）

5）尖嘴钳如图 2-12 所示。

6）带球头的 T 型手柄如图 2-13 所示。

图 2-12　尖嘴钳（规格：6in）

图 2-13　带球头的 T 型手柄（规格：3mm、4mm、
5mm、6mm、8mm、10mm）

7）内六角加长球头扳手如图 2-14 所示。

图 2-14　内六角加长球头扳手

（规格：9 件，包括 1.5mm、2mm、2.5mm、3mm、4mm、5mm、6mm、8mm、10mm）

任务 2-3　常用工具的使用方法

◆ 任务描述

由于常用维护工具的使用方法都比较简单，所以本节课只重点讲套筒扳手及扭矩扳手的使用方法。

◆ 知识学习

1. 套筒扳手的使用方法

套筒扳手需要和配套工具一起使用，它无法单独进行任何操作。最常用的组合就是套筒扳手和套筒头，如图 2-15 所示。

图 2-15　套筒扳手和套筒头

套筒扳手最前面是一个方孔或榫，大小为 4 ～ 14mm 不等，对应的套筒头一端的大小也必须是同一尺寸，而另一端往往是六边形或者十二边形，用来套住螺栓。套筒头的尺寸规格如图 2-6 所示，同一个组套里一把套筒扳手可以搭配多个套筒头使用。

2. 扭矩扳手的使用方法

扭矩扳手的用途：机械类行业中某些螺栓需要使用特定的扭矩进行拧紧，保证螺栓既不会松动也不会因为拧得过紧而失效，如图 2-16 所示。通过刻度转换按钮可实现 5 种单位的读数：N·m、kgf·m、kgf·cm、lbf·in、lbf·ft。扭矩扳手使用 3V 纽扣电池供电。

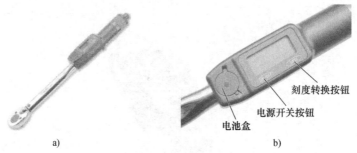

刻度转换按钮
电源开关按钮
电池盒
a)
b)
图 2-16　扭矩扳手

使用时先转动扭力调节环把扭力设定到需要的数值，再旋转锁定旋钮来锁定扭力然后装好套筒，顺时针方向均匀施力，当听到"咔嗒"声或感到扳手有卸力感时即已达到所设定的扭力值，如图 2-17 所示。

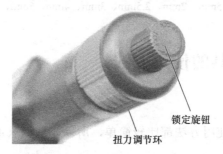

锁定旋钮
扭力调节环
图 2-17　扭矩扳手的使用

3. 其他常用工具的使用方法

（1）试电笔　试电笔用来检验线路和设备是否带电。在使用前，应首先检查是否能正常验电，防止因氖管损坏在检验中造成误判，危及人身安全。

使用时金属笔尖接触被测电路或带电体，手指须接触笔顶端的金属部分，这样电路或带电体与电阻、氖管、人体和大地形成导电回路，如图 2-18 所示。

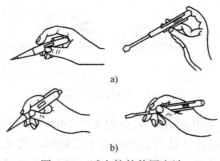

a)
b)
图 2-18　试电笔的使用方法
a）正确握法　b）错误握法

（2）钢丝钳　钢丝钳用于剪切或夹持导线。其中钳口用来弯绞和钳夹导线或者物体，齿口用来紧固螺母，刀口用于剪切导线、剥削导线绝缘层、起拔铁钉等。

使用时候应注意以下事项：带电操作前，必须先检查绝缘柄的绝缘层；不得用刀口同时剪切相线和零线，以免发生短路故障，如图 2-19 所示。

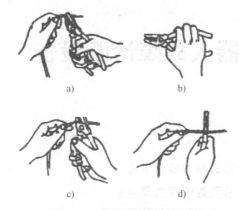

a)　　　　　　　　　　b)

c)　　　　　　　　　　d)

图 2-19　钢丝钳的使用方法

a）弯绞导线　b）紧固螺母　c）剪切导线　d）剥削导线绝缘层

◆ **学习检测**

自我学习测评表如下：

学习目标	自我评价			备　注
	掌　握	理　解	重　学	
认识工业机器人控制柜维护用工具				
认识工业机器人本体维护用工具				

练习题

1. 请列出工业机器人控制柜维护用工具。
2. 请列出工业机器人本体维护用工具。

项目三

ABB 工业机器人故障诊断设备

⇒ 项目目标

- 认识工业机器人故障诊断与维护平台
- 了解工业机器人紧凑型控制柜内部组成
- 学会工业机器人故障诊断与维护软件的使用

⇒ 任务描述

通过本项目的学习，基于工业机器人故障诊断与维护平台了解工业机器人紧凑型控制柜内部结构；基于工业机器人故障诊断与维护软件，学会日常维护、故障排查等虚拟实训操作，为实践打下理论基础。

任务 3-1　工业机器人故障诊断与维护平台认知

◆ 任务描述

认识工业机器人故障诊断与维护平台，了解平台组成；初步认识控制柜内部结构。

◆ 知识学习

工业机器人故障诊断与维护平台（见图 3-1）由电气故障诊断检测台和工业机器人综合实训台组成。电气故障诊断检测台包含工业机器人控制系统、故障诊断单元、故障诊断与维护实训软件；工业机器人综合实训台包含 ABB IRB 1200 六自由度机器人、气压控制单元、轨迹路线功能模块、井式送料和传送带模块、搬运码垛模块、可编程序控制器（PLC）单元、触摸屏等部分。通过该平台，可了解 ABB 工业机器人控制柜的内部组成，解析控制柜内部电路图，完成对控制柜进行故障设置及故障排除等实训操作，还可以满足 ABB 工业机器人基础操作实训，如 TCP 标定实训、轨迹实训、搬运码垛实训，以及 PLC、工业机器人和触摸屏系统联调等实训项目。

如图 3-2 所示，故障诊断单元由电源模块、核心运算模块、I/O 及散热模块三大部分组成。电源模块包括电源分配模块、接触器、滤波器、系统电源模块；核心运算模块包括轴计算机单元、主计算机单元、安全面板、轴驱动器单元；I/O 及散热模块由 I/O 单元（内部）、I/O 单元（外部）及散热单元组成。关于各模块的作用请参见项目四的任务 4-1 "工业机器人控制柜的组成"。

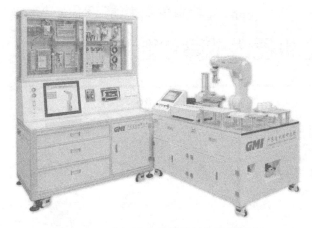

图 3-1　工业机器人故障诊断与维护平台

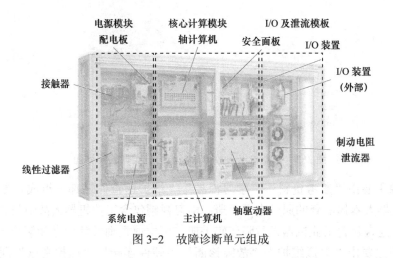

图 3-2　故障诊断单元组成

任务 3-2　故障诊断与维护实训软件介绍及使用

◆ 任务描述

认识工业机器人故障诊断与维护软件，学会软件操作，通过仿真软件了解工业机器人、控制柜的日常维护、维修等操作，学会故障排查。

◆ 知识学习

1. 工业机器人故障诊断与维护软件认知

（1）软件界面　工业机器人故障诊断与维护软件（SCH-RobotMaintain）是针对工业机器人故障诊断与维护实训平台进行专门设计开发的软件。该软件通过 ABB 授权的接口进行二次开发，实现软件设定工业机器人系统的软、硬件故障；同时将相应的课程资源进行封装，集成到软件系统中，实现知识框架体系化、系统化。

该软件界面见图 3-3。目录树由 4 个部分组成：教学资源、虚拟实训、真实实训和实操考核。

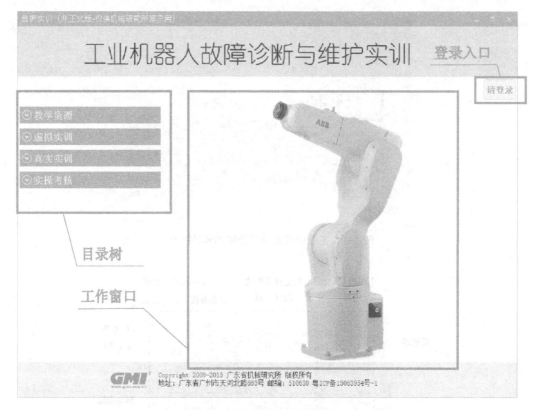

图 3-3　工业机器人故障诊断与维护实训软件界面

教学资源主要由"参考资料""学习视频""维护速查"三部分组成。参考资料包含全套与工业机器人本体配套的原厂电子手册；学习视频包含工业机器人故障与维护的基础教学视频；维护速查包含工业机器人故障代码手册，可快速查询故障信息和解决方法。

虚拟实训主要由"虚拟维护""故障诊断""硬件连接""虚拟考核"四部分组成。虚拟维护介绍了 ABB 工业机器人的定期维护与清洁保养，并且设置了演示项目，学员可进行仿真模拟操作；故障诊断包含工业机器人故障诊断的相关视频列表，单击可查看教学视频进行学习，视频内设置了选择题目，可自己检测学习效果；硬件连接可以提醒学员在进行硬件连接操作时需要注意哪些要点，学员通过操作提示，对各个模组单元之间进行仿真接线，了解控制柜内部各模块电路关系；在设备故障的情况下，单击"虚拟考核"，设备会根据故障内容进行出题考试，以考核学员对设备故障的理解与解决故障的能力。

真实实训主要由"点检表""维护资料""真实维护"三部分组成。单击"点检表"后，在弹出的对话框中可选择日检表或定检表，下载表格进行填写；单击"维护资料"，弹出"任务一.工业机器人的安全作业事项""任务二.工业机器人维护与保养工具""任务三.控制柜故障诊断与维护""任务四.机器人本体维护与保养"，共计 4 项，可查阅对应内容的PPT 文件；单击"真实维护"，弹出 ABB 工业机器人设备维护相关事宜与注意事项。

实操考核：学员可以通过实操考核检验并巩固自己的学习成果。在单击实操考核图标之前，操作员需要先单击右上角的"无数据库版"，在弹出的对话框中单击"故障设定"按钮。

工业机器人故障诊断与维护软件能够清晰反映机器人内部电气结构及控制原理，可通过软件进行故障设置及排查。

（2）软件安装　打开软件包装包，无须进行安装，双击"SCH-RobotMaintain"即可以打开该仿真软件（见图3-4）。

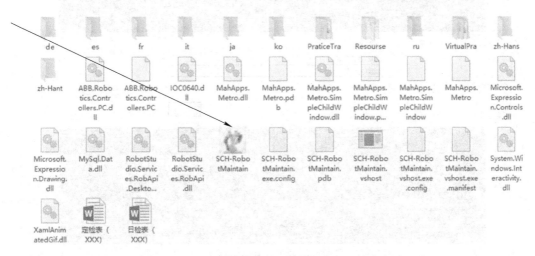

图 3-4　双击"SCH-RobotMaintain"运行软件

（3）软件登录　打开软件后，看到界面如图3-5所示。单击设备右上角"请登录"，在"无数据库版"下直接单击"Login"按钮（不需要输入密码，见图3-6），即可成功登录。

登录成功后，原显示为"请登录"的图标变化为"无数据库版"。

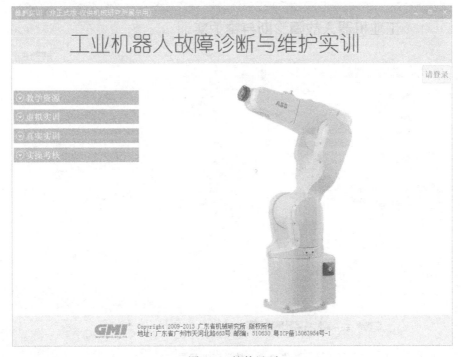

图 3-5　软件界面

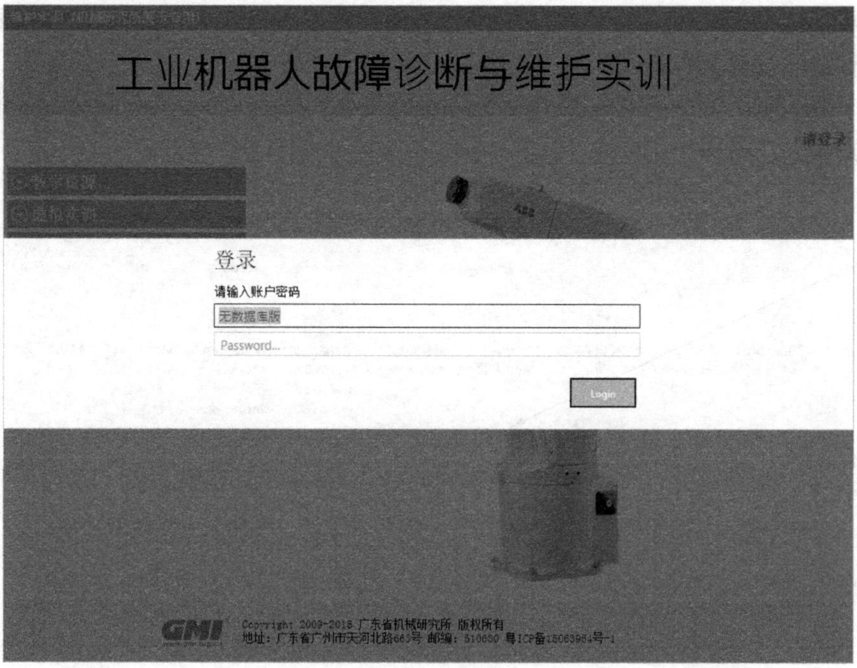

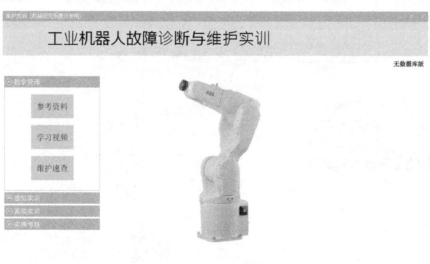

图 3-6　软件登录

2. 软件模块

（1）教学资源　单击"教学资源"图标，显示"参考资料""学习视频""维护速查"，如图 3-7 所示。

图 3-7　教学资源目录

1）参考资料。通过参考资料，可查看 ABB 机器人说明手册，包括光盘信息、安全信息、快速入门、产品规格、产品手册、电路图、操作手册、技术参考手册、应用手册等。

单击"参考资料"，进入 ABB 机器人说明手册界面，在右侧选择手册的语言版本，这里我们以中文为例，单击"Chinese"，如图 3-8 所示。

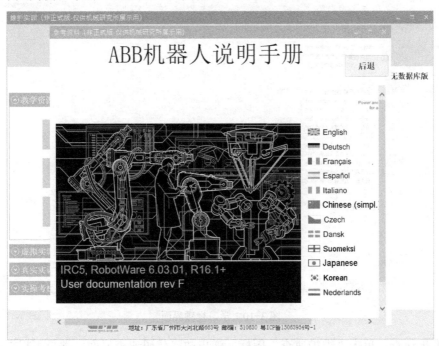

图 3-8　ABB 机器人说明手册界面

选择中文版的说明手册后，我们按左边的目录导航，找到所需资料，如图 3-9 所示。

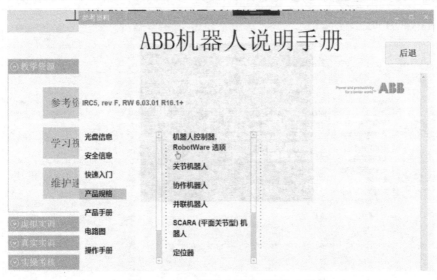

图 3-9　ABB 机器人说明手册中文版

2）学习视频。在学习视频界面中，可点选"项目一.工业机器人的安全作业事项""项目二.工业机器人维护与保养工具""项目三.工业机器人控制柜故障诊断与维护""项目四.

工业机器人本体维护与保养"，学习对应知识点，如图 3-10 所示。

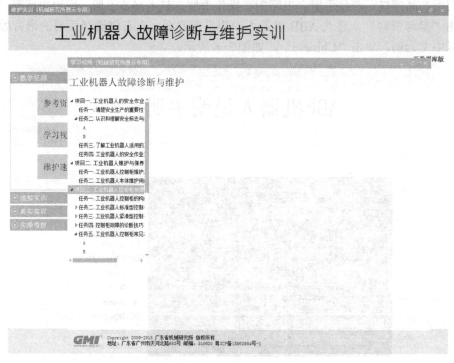

图 3-10　学习视频界面

3）维护速查。单击"维护速查"图标，弹出故障代码速查界面。学员可根据示教器中的报警内容查找对应的故障代码，以查看对应报警 / 故障的详细信息，如图 3-11 所示。

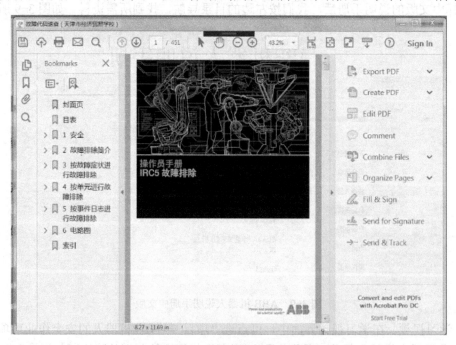

图 3-11　故障代码速查界面

（2）虚拟实训　单击"虚拟实训"图标，显示"虚拟维护""故障诊断""硬件连接""虚拟考核"，如图 3-12 所示。

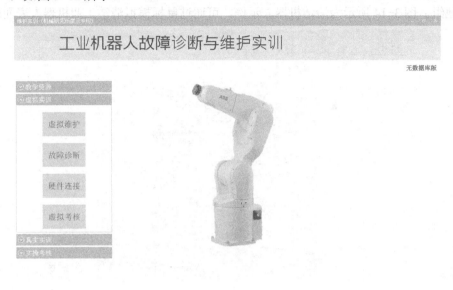

图 3-12　虚拟实训界面

1）虚拟维护。单击"虚拟维护"图标，界面弹出工业机器人维护的相关视频列表，单击可查看教学视频进行学习，如图 3-13 所示。

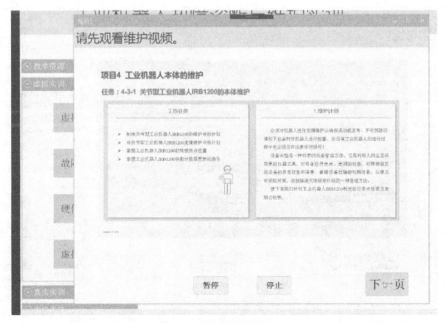

图 3-13　维护视频界面

　　维护视频介绍了 ABB 工业机器人的定期维护与清洁保养，并且设置了演示项目。定期点检项目包括清洁工业机器人、检查机器人布线、检查机械限位、检查信息标签、检查同步带、更换电池组。图 3-14 所示为清洁机器人示例，可通过鼠标模拟清洁工业机器人表面脏污。

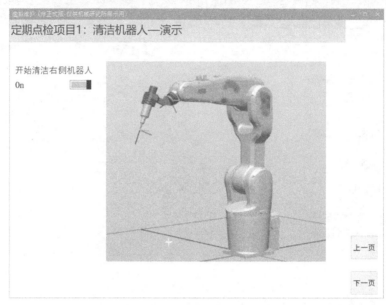

图 3-14　清洁机器人示例

　　2）故障诊断。单击"故障诊断"图标，界面弹出工业机器人故障诊断的相关视频列表，单击可查看教学视频进行学习。

　　控制柜模块诊断包含主计算机单元、轴计算机单元、系统电源、电源分配板、标准 I/O 板和驱动模块等 6 个模块的诊断内容，如图 3-15 所示。

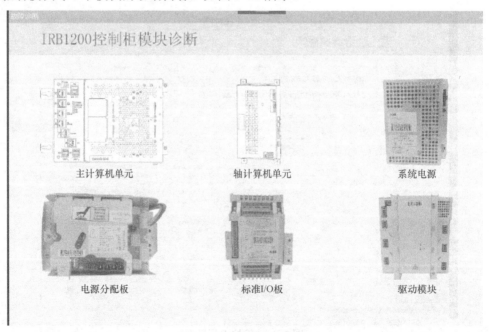

图 3-15　故障诊断界面

3）硬件连接。单击"硬件连接"图标，界面弹出注意事项，提示在进行硬件连接操作时应注意哪些要点。

如图 3-16 所示，通过文字提示，对各个模组单元之间进行仿真接线。

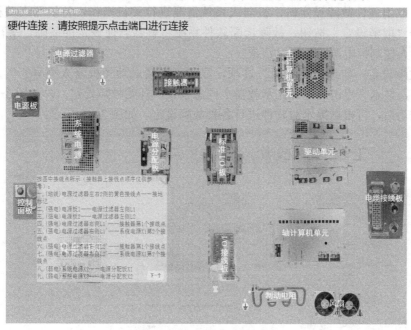

图 3-16 硬件连接界面

4）虚拟考核。在进入"虚拟考核"之前，操作员需要先单击右上角的"无数据库版"，从弹出的对话框中单击"设定"按钮，软件界面弹出"设定故障"对话框，如图 3-17 所示。

图 3-17 "设定故障"对话框

故障设定包含了硬件故障设定和软件故障设定。

硬件故障设定：单击"点击连接 I/O 板"按钮后，设备 I/O 板启动，此时可以通过软件控制主计算机、驱动模块、轴计算机或安全面板进行故障设定（注：一次只能设定一个故障）。

注意：取消硬件故障设定时，机器人系统需要进行关机操作，待机器人关机之后在软件界面单击"取消设定"按钮，故障诊断软件系统将解除当前设定的故障，等待 1 ～ 2min 后接通机器人控制柜电源即可恢复正常。

软件故障设定：勾选"离线版"选项，显示"连接成功（机器人型号）"，并且弹出提示对话框，显示"点击确定并在示教器上同意授权，开始故障设定"，如图 3-18 所示。

连接成功后，可根据提示对软件进行各种故障设定，如图 3-19 所示。

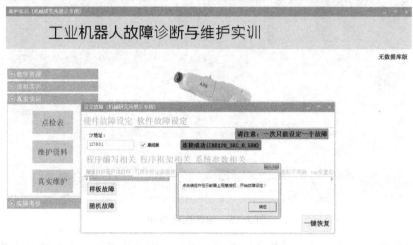

图 3-18　离线版软件故障设定

图 3-19　虚拟仿真软件 RobotStudio 配合离线版软件故障设定

图 3-20 所示为进行"赋值目标是只读目标"设定后，ABB 机器人示教器报警显示。

图 3-20 设定"赋值目标是只读目标"软件故障报警显示

在设备故障的情况下,单击"虚拟考核"图标,软件会根据故障内容进行出题测试,如图 3-21 所示。

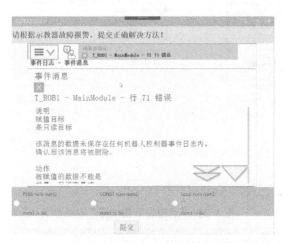

图 3-21 虚拟考核测试界面

(3)真实实训 单击"真实实训"图标,图中显示"点检表""维护资料""真实维护",如图 3-22 所示。

1)点检表。单击"点检表",系统弹出"点检表下载填写"对话框,可点选其中一个,下载表格进行填写,如图 3-23 所示。

2)维护资料。单击"维护资料"图标,系统弹出"维护保养 PPT"对话框,其中有"任务一.工业机器人的安全作业事项""任务二.工业机器人维护与保养工具""任务三.控制柜故障诊断与维护""任务四.机器人本体维护与保养"共计 4 个 PPT 文件,均可进行查阅,如图 3-24 所示。

3)真实维护。单击"真实维护"图标,系统弹出 ABB 机器人设备维护相关事宜与注意事项,如图 3-25 所示。

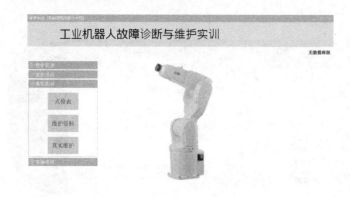

图 3-22　真实实训界面

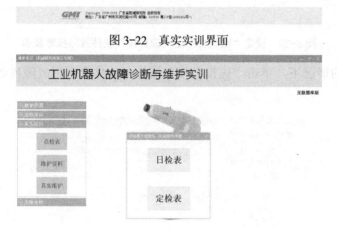

图 3-23　"点检表下载填写"对话框

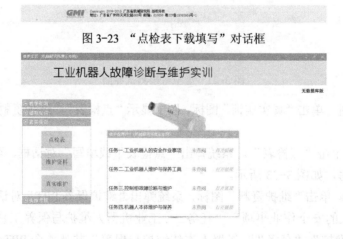

图 3-24　"维护保养 PPT"对话框

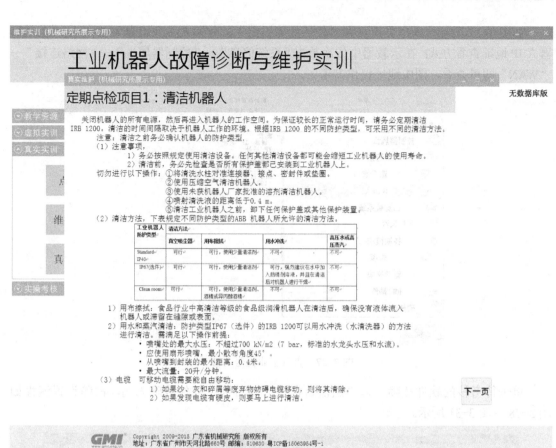

图 3-25　"真实维护"清洁机器人项目

（4）实操考核　在进入实操考核之前，操作员需要切换到"故障设定"界面。单击右上角的"无数据库版"，从弹出的对话框中单击"故障设定"按钮，即弹出"故障设定"界面，如图 3-26 所示。

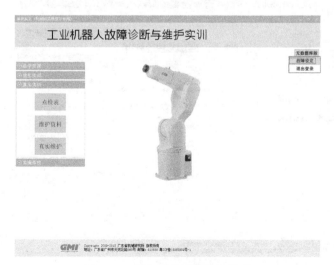

图 3-26　进入"故障设定"界面

如图 3-27 所示，操作员点选到"软件故障设定"，并输入工业机器人 IP 地址（工业机器人 IP 地址查看方式：在示教器中依次单击"系统信息"—"控制器属性"—"网络连接"—"WAN"即可查看，图中地址仅供参考）。

图 3-27　查看工业机器人 IP

单击待考核的软件故障，以"赋值目标是只读目标"软件故障为例，故障设置流程如图 3-28～图 3-31 所示。

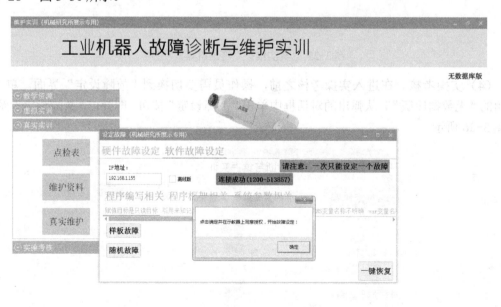

图 3-28　设定实操考核的软件故障

图 3-29　工业机器人示教器同意请求

图 3-30　"赋值目标是只读目标"故障设置完成

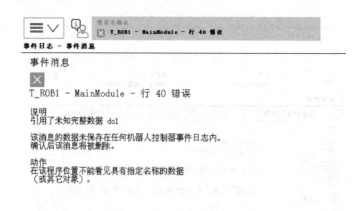

图 3-31　工业机器人示教器提示故障

　　故障设置完成后，单击"实操考核"—"考核管理"，弹出对应故障的测验题，如图 3-32 所示，选择解除故障的正确答案。

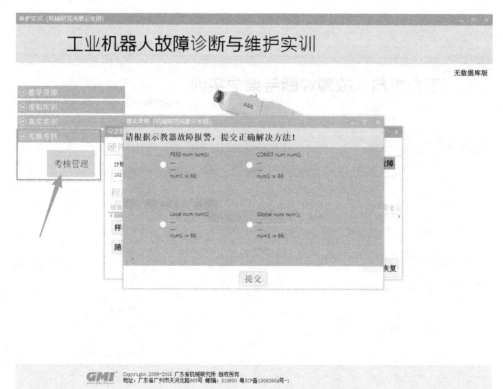

图 3-32　故障考核测验

3. 控制柜硬件连接虚拟实训

（1）准备工作　准备 IRC5 紧凑型控制柜电路图（见图 3-33），根据电路图中各模块连接关系进行接线。

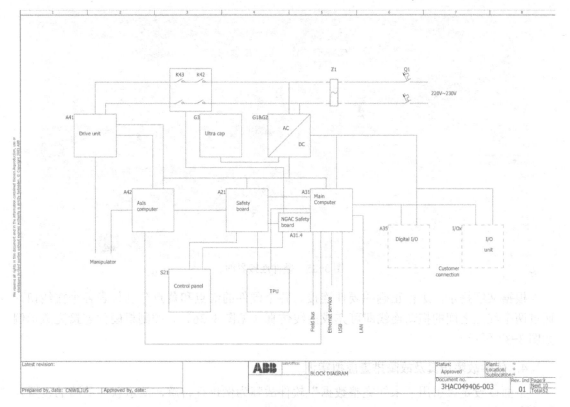

图 3-33　IRC5 紧凑型控制柜电路图

（2）接线仿真　单击"虚拟实训"—"硬件连接"（见图 3-34），即可进入控制柜硬件接线仿真界面（见图 3-35）。通过弹出的文字提示进行硬件连接操作。

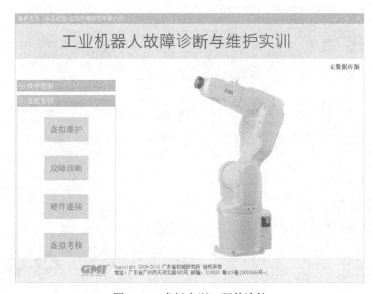

图 3-34　虚拟实训—硬件连接

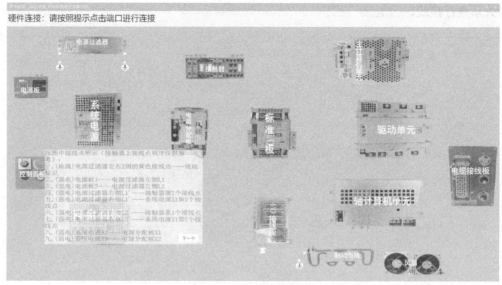

图 3-35　硬件连接界面

　　根据文字提示，进行正确的硬件连接。各个硬件的红点和黄点分别代表各个接线口，通过两个红点之间的拖动连线即可完成接线仿真（见图 3-36）。控制柜硬件连接完成示例如图 3-37 所示。

4. 软件故障仿真及故障排查虚拟实训

　　下面以设定"引用了未知完整数据"软件故障为例进行讲解，演示软件故障的设置及排查方法。

　　（1）准备工作　在设置自定义故障之前，我们需要在 RobotStudio 中搭建一个新的空工作站，建立新的机器人系统。操作步骤见表 3-1。

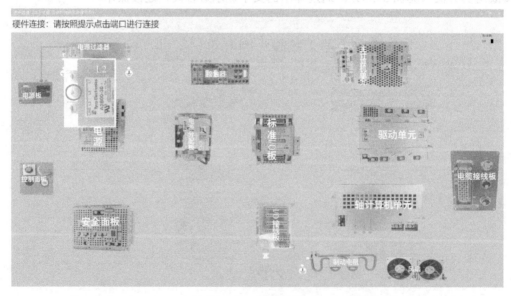

图 3-36　连接示例

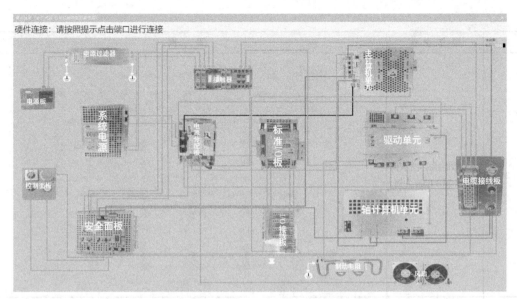

图 3-37　控制柜硬件连接完成示例

表 3-1　软件故障仿真准备工作——搭建机器人仿真工作站

步　骤	操作说明	图　例
1	打开 RobotStudio，创建空工作站	

（续）

步　　骤	操 作 说 明	图　　例
2	选取需要的机器人模型：以 IRB 1200 为例	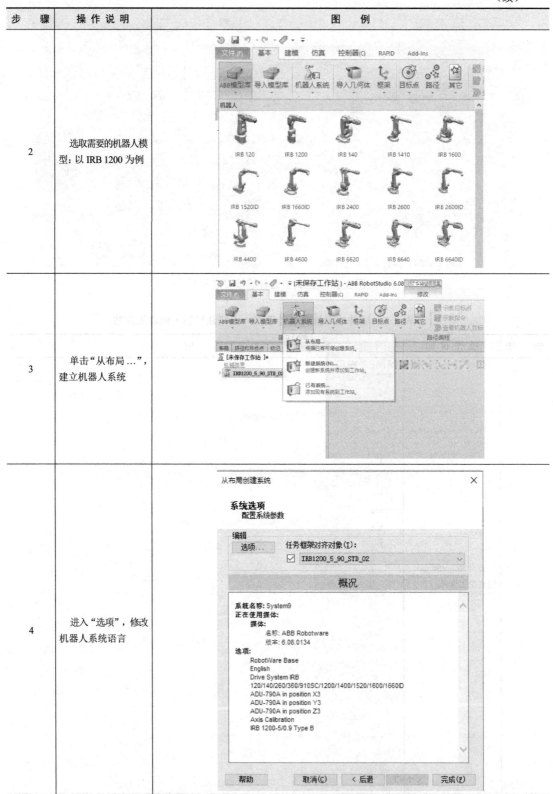
3	单击"从布局…"，建立机器人系统	
4	进入"选项"，修改机器人系统语言	

（续）

步 骤	操作说明	图 例
5	选择"Chinese"，单击"确定"	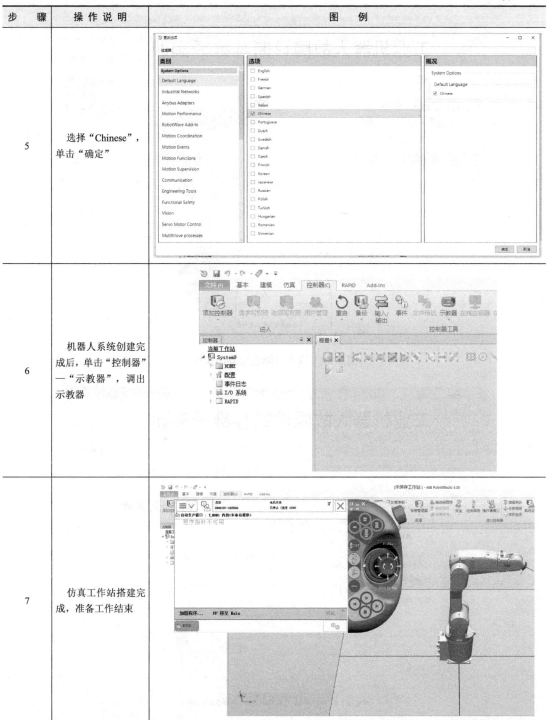
6	机器人系统创建完成后，单击"控制器"—"示教器"，调出示教器	
7	仿真工作站搭建完成，准备工作结束	

（2）自定义故障设置 进入故障设定。单击"无数据库版"，选择"故障设定"，即可进入故障设定界面，如图 3-38 所示。

勾选"离线版"，单击"连接机器人"，如图 3-39 所示。在连接机器人之前，需要先在 RobotStudio 中设置好相应的机器人，才能实现软件故障设定（即先做好准备工作）。

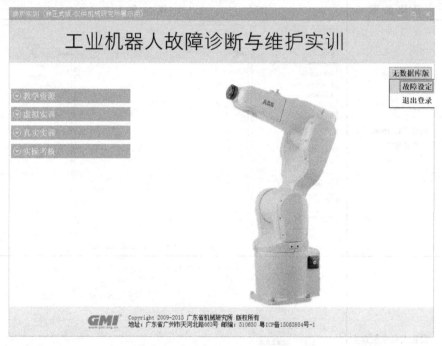

图 3-38　进入故障设定界面操作

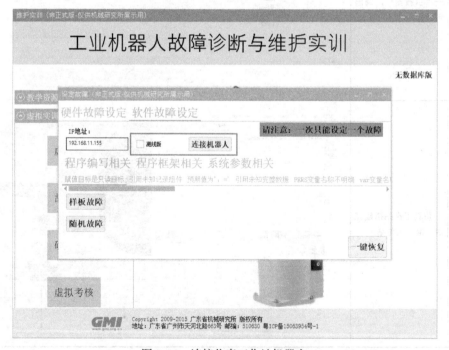

图 3-39　连接仿真工作站机器人

单击"确定"，然后打开仿真示教器开始下一步的操作，如图 3-40 所示。

虚拟示教器会弹出"请求写权限"对话框，单击"同意"，给予访问授权，如图 3-41 所示。

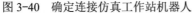

图 3-40　确定连接仿真工作站机器人　　　　　图 3-41　同意请求写权限

"引用了未知完整数据"软件故障程序被写入机器人虚拟示教器，示教器出现故障代码，此时软件故障设置完成，如图 3-42 所示。

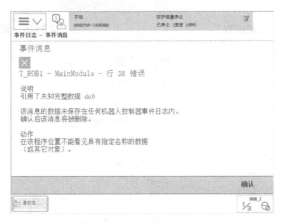

图 3-42　示教器提示故障

（3）故障排查　根据显示的故障信息，可知是程序语句有误，存在未定义的 I/O 信号错误，接下来为查看具体信息过程：

单击"程序编辑器"，找到程序语句的第 38 行，查看具体错误语句，如图 3-43、图 3-44 所示。

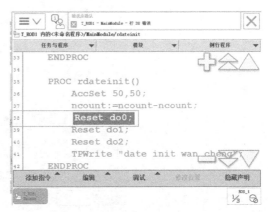

图 3-43　进入"程序编辑器"　　　　　　图 3-44　定位出错程序第 38 行

进入信号配置，查看有无对应 I/O 信号：依次单击"控制面板"-"配置"-"I/O"-"Signal"，然后上下翻页查找，查看是否已配置相应 I/O 信号，如图 3-45 ～图 3-48 所示。

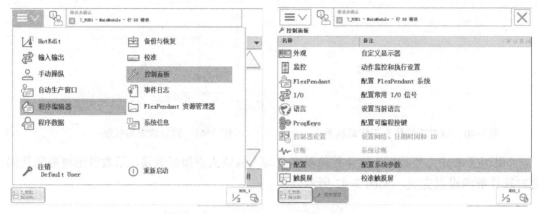

图 3-45　进入"控制面板"　　　　　　　　　　图 3-46　进入"配置"

图 3-47　进入"Signal"　　　　　　　　　　图 3-48　查看 I/O 信号

切换到程序编辑器界面，查看错误信息行上下还有无相同的错误：由图 3-49 可知同类型错误还有 do0、do1、do2。

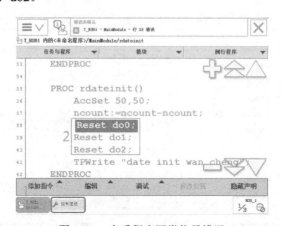

图 3-49　查看程序同类信号错误

切换到 I/O 配置界面，添加配置标准板卡：单击"DeviceNet Device"，单击"添加"，添加"d652"标准 I/O 板卡，然后进入"Signal"界面中添加数字输出信号"do0、do1、do2"，并重启控制器，使配置生效，如图 3-50 ～图 3-53 所示。

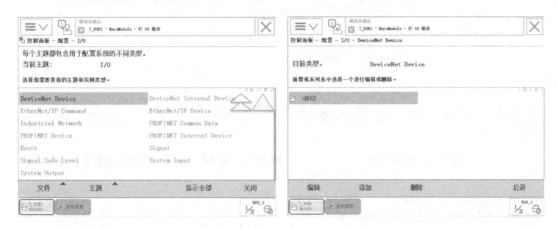

图 3-50　进入"DeviceNet Device"　　　　图 3-51　配置 d652 信号板卡

图 3-52　配置数字输出信号　　　　图 3-53　控制器重启

控制器重启之后，进入"程序编辑器"界面中，单击"检查程序"，检查程序是否还存在错误，如图 3-54 所示。

检查程序显示有新的故障：引用了未知完整数据 pick，如图 3-55 所示。

进入"程序数据"界面中进行故障解除：单击"程序数据"，找到"robtarget"数据类型并打开，查看是否存在"pick"这一数据，如图 3-56 所示。

若没有"pick"数据，则需新建。单击下方"新建"按钮，新建数据"pick"，如图 3-57 所示。

新建完成之后，返回"程序编辑器"界面，再次检查程序。单击"检查程序"，显示"未发现任何错误"，即故障解除完成（见图 3-58）。

同时可以在故障设置软件中解除与控制柜的连接。即当工业机器人故障排除后，在故障设定对话框右下角单击"一键恢复"，对机器人系统和程序进行恢复。

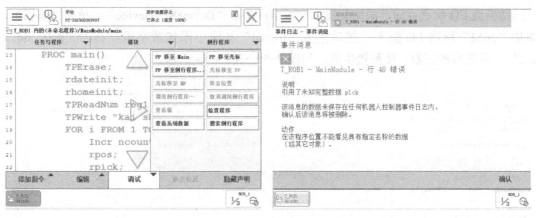

图 3-54 检查程序   图 3-55 提示有"引用了未知完整数据 pick"故障

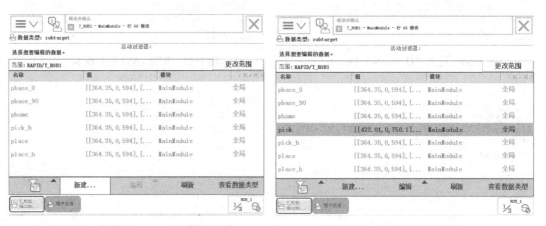

图 3-56 查看"robtarget"数据类型   图 3-57 新建"pick"数据

图 3-58 检查程序

项目四

工业机器人控制柜故障诊断

⊃ **项目目标**

- 掌握工业机器人标准型控制柜的组成
- 掌握工业机器人紧凑型控制柜的组成
- 掌握控制柜电路图解读的技巧
- 掌握工业机器人紧凑型控制柜电路图
- 掌握控制柜故障诊断的技巧

⊃ **任务描述**

通过本项目的学习，掌握 ABB 工业机器人标准型及紧凑型控制柜内部各模块的组成及其作用，为后面进行控制柜内部电路图解析打下基础，在熟知控制柜内部电路图的基础上，掌握常见故障的诊断方法及故障代码的查阅技巧。

任务 4-1　工业机器人控制柜的组成

◆ **任务描述**

工业机器人控制柜是工业机器人的控制中枢，能够控制各种机械装置、附加轴和外围设备。ABB 工业机器人控制柜分为标准型控制柜（10kg 以上中大型工业机器人适用）和紧凑型控制柜（10kg 以下工业机器人适用）。标准型控制柜的防护等级为 IP54，紧凑型控制柜的防护等级为 IP30，有时也会根据使用现场环境防护等级的要求选择控制柜。

在本任务中，我们将对标准型和紧凑型控制柜的模块构成进行详细说明，为后面模块的故障诊断与排除打好基础。

◆ **知识学习**

1. ABB 工业机器人标准型控制柜的构成

ABB 工业机器人标准型控制柜的构成如图 4-1 ～图 4-5 所示。

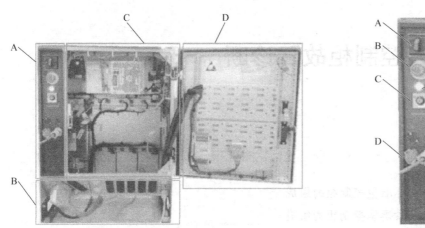

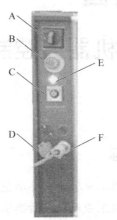

图 4-1　ABB 工业机器人标准型控制柜的构成

A—外部硬件按钮　B—外接线缆接口

C—控制柜内部　D—控制柜门背部

图 4-2　标准型控制柜硬件按钮

A—电源总开关　B—急停按钮　C—状态切换开关

D—RobotStudio 网线接口　E—上电/复位按钮　F—示教器插头

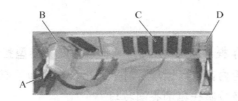

图 4-3　标准型控制柜线缆接口

A—主电源入线　B—伺服动力电缆　C—预留电缆接口　D—SMB 电缆接口

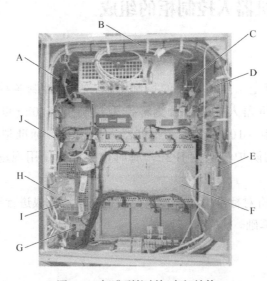

图 4-4　标准型控制柜内部结构

A—用户 I/O 电源　B—主计算机模块　C—散热风扇　D—安全面板模块　E—轴计算机模块

F—伺服驱动模块　G—电源开关　H—系统电源模块　I—接触器模块　J—电源分配模块

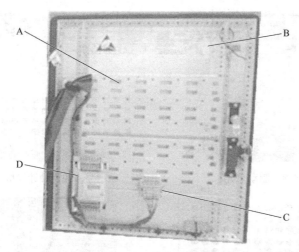

图 4-5 标准型控制柜门背部

A—预留挂载第三方模块 B—主电源连接说明 C—用户 DC24V 电源（用于 I/O 供电） D—I/O 模块

（1）主计算机 主计算机模块就好比机器人的大脑，位于标准型控制柜内部的正上方（见图 4-4）。主计算机上各接口如图 4-6 所示。

（2）安全面板 安全面板模块主要负责安全相关信号的处理，位于控制柜的右侧（见图 4-4）。安全面板上各接口如图 4-7 所示。

图 4-6 主计算机单元

图 4-7 安全面板

（3）驱动单元 驱动单元模块用于接收上位机指令，然后驱动机器人运动，位于控制柜正面中间的位置（见图 4-4）。驱动单元上各接口如图 4-8 所示。

（4）轴计算机 轴计算机单元模块用于接收主计算机的运动指令和串行测量板（SMB）的机器人位置反馈信号，然后发出驱动机器人运动的指令给驱动单元模块，位于控制柜的右侧（见图 4-4）。轴计算机上各接口如图 4-9 所示。

（5）系统电源模块 系统电源模块用于为控制柜里的模块提供直流电源，位于控制柜左下方（见图 4-4）。系统电源模块外形如图 4-10 所示。

（6）电源分配模块 电源分配模块用于为控制柜里的模块分配直流电源，位于控制柜左边（见图 4-4）。电源分配模块上各接口如图 4-11 所示。

图 4-8　驱动单元

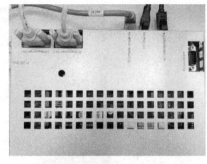

图 4-9　轴计算机

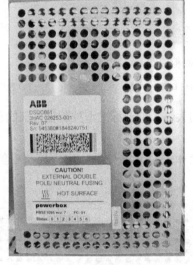

图 4-10　系统电源模块

图 4-11　电源分配模块

（7）接触器模块　接触器模块用于控制机器人各轴电动机的通断电，位于控制柜的左侧（见图 4-4）。接触器上各接口如图 4-12 所示。

（8）ABB 标准 I/O 模块　ABB 标准 I/O 模块用于机器人与外部设备 I/O 信号进行通信，位于控制柜门背部（见图 4-5）。其外形如图 4-13 所示。

图 4-12　接触器模块

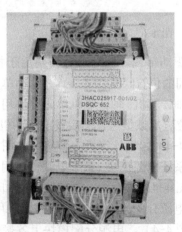

图 4-13　ABB 标准 I/O 模块

（9）散热风扇和变压器　从控制柜的背面卸下防护盖，可看到图 4-14 所示的散热风扇和变压器。在卸下防护盖时，注意要先断开主电源，并断开输入电源电缆与墙壁插座的连接。

图 4-14　散热风扇和变压器

A—散热风扇　B—变压器

2. ABB 工业机器人紧凑型控制柜的构成

（1）紧凑型控制柜主视图　打开控制柜正面的盖子，可以看到图 4-15 所示的结构。

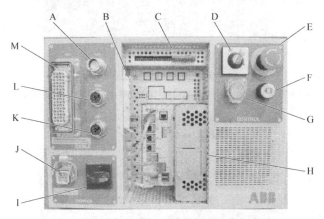

图 4-15　紧凑型控制柜主视图

A—示教器接头　B—I/O 模块接口　C—安全面板接口　D—模式切换开关

E—急停开关　F—上电 / 复位按钮　G—制动器按钮　H—主计算机模块

I—主电源模块　J—主电源插头　K—SMB 插头　L—附加轴 SMB 插头　M—伺服电缆插头

（2）紧凑型控制柜俯视图　打开紧凑型控制柜上方的盖子，查看内部模块，可以看到伺服驱动模块、接触器模块、安全面板模块、系统电源模块和 I/O 通信模块，如图 4-16 所示。

（3）紧凑型控制柜左视图　从紧凑型控制柜左侧打开盖子，查看内部模块，可见伺服驱动模块、接触器模块、滤波器和防静电手环，如图 4-17 所示。

（4）紧凑型控制柜右视图　从紧凑型控制柜右侧打开盖子，查看内部模块，可见轴计算机、UPS，如图 4-18 所示。

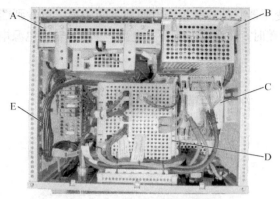

图 4-16　紧凑型控制柜俯视图

A—主驱动单元模块　B—系统电源模块　C—I/O 通信模块　D—安全面板模块　E—接触器模块

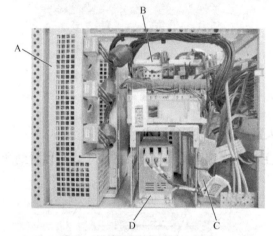

图 4-17　紧凑型控制柜左视图

A—伺服驱动模块　B—接触器模块　C—防静电手环　D—线性滤波器

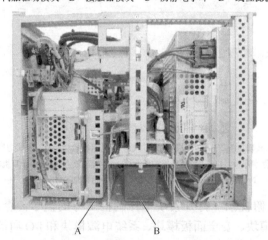

图 4-18　紧凑型控制柜右视图

A—轴计算机　B—UPS

（5）紧凑型控制柜后视图　从紧凑型控制柜后侧打开盖子，查看内部模块，可见制动电阻和散热风扇，如图 4-19 所示。

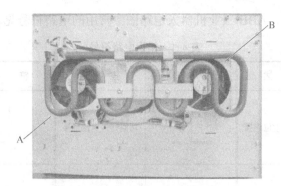

图 4-19 紧凑型控制柜后视图

A—制动电阻 B—散热风扇

任务 4-2 ABB 工业机器人紧凑型控制柜电路图解析

◆ 任务描述

在工业机器人的日常操作与维护过程中，不能缺少对工业机器人电路图的阅读。根据工业机器人的组成，电路图一般分为控制柜电路图与本体电路图。在本任务中，我们先学习读懂电路图的基本技巧。ABB 工业机器人提供了详细的随机电子手册光盘，相关电路图也包含其中。

◆ 知识学习

1. ABB 工业机器人电路图中常用的电路符号

（1）查找电路图 控制柜电路图附在随机电子手册光盘中，查找方式如下：

1）在随机电子手册光盘中找到图标 ，双击打开；

2）单击"电路图"；

3）单击"机器人控制器"；

4）单击"IRC5 Compact"，打开紧凑型控制柜电路图。如需打开标准型控制柜的电路图，单击"IRC5, drive system 09"，如图 4-20 所示。

图 4-20 控制柜电路图查找路径

（2）常用电路符号　ABB 工业机器人电路图中常用的电路符号见表 4-1。

表 4-1　常用电路符号

符　　号	描　　述	符　　号	描　　述	符　　号	描　　述
	功能性等电位连接		功能性等电位连接	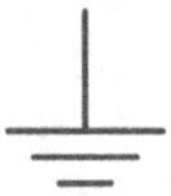	接地
	功能接地		保护接地	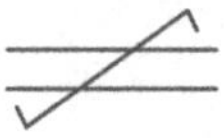	双芯线
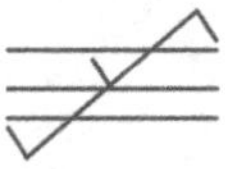	三芯线	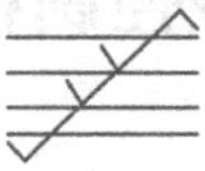	四芯线	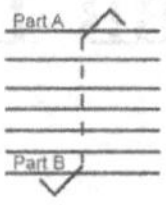	多芯线
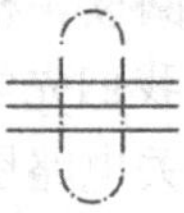	屏蔽保护		接触点	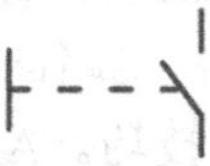	手动开关
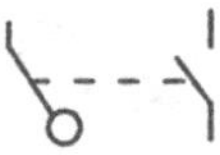	控制开关	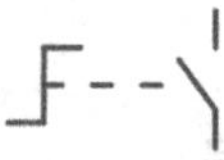	旋钮开关	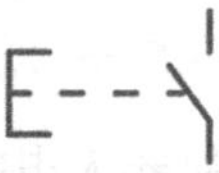	按钮开关
	急停开关	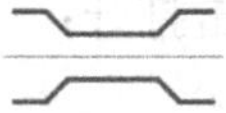	直通接头		过滤器
	指示灯	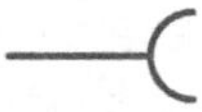	母插头		公插头
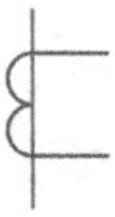	变压器		直流电 DC		交流电 AC
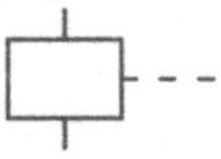	接触器				

　　在这里截取了部分紧凑型控制柜电路图，如图 4-21 所示。表 4-2 对图 4-21 的模块间的连接标识以及导线特性进行了说明。

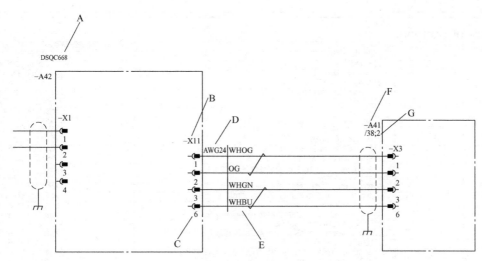

图 4-21　电路图截图

表 4-2　导线特性以及模块之间的连接标识说明

区　域	描　述	备　注
A	模块的名称与型号	
B	插头的编号	
C	插头里的插针编号	
D	导线的规格	AWG10 = 5.26mm^2 AWG12 = 3.332mm^2 AWG14 = 2.075mm^2 AWG16 = 1.318mm^2 AWG18 = 0.8107mm^2 AWG20 = 0.5189mm^2 AWG22 = 0.3247mm^2 AWG24 = 0.2047mm^2 AWG26 = 0.1281mm^2 AWG28 = 0.0804mm^2
E	导线的颜色	BK=黑, BN=棕, RD=红, OG=橙, YE=黄, GN=绿, BU=蓝, VT=紫, GY=灰, WH=白, PK=粉, TQ=蓝绿 双色: 　例: WHOG= 白橙双色
F	连接到的模块编号	
G	连接到的电路图页码	

2. ABB 工业机器人紧凑型控制柜电路图解析

以 ABB 工业机器人紧凑型控制柜电路图为例，进行控制柜电路图的学习。图 4-22 所示为电路图目录页（部分），通过目录页可快速查找不同模块电路图的具体页码位置。

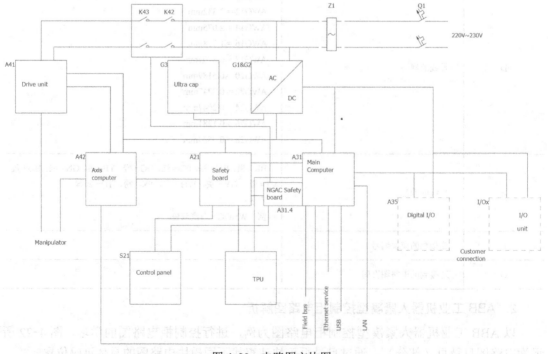

Table of contents

Latest revision:　　　Prepared by, date: CNWILIU5　Approved by, date:

ABB　Lab/Office:　Table of contents:

Status: Approved　Plant: =　Location: +　Sublocation:+
Document no. 3HAC049406-003　Rev. Ind 01　Page 3　Next 4　Total 52

图 4-22　电路图目录页

控制柜内部各模块电路连接图见图 4-23，表 4-3 为模块标识说明。

图 4-23　电路图方块图

表 4-3 控制柜模块标识说明

序 号	标 识	描 述
1	A41 Drive unit	驱动单元
2	A42 Axis computer	轴计算机单元
3	S21 Control panel	控制面板（外部操作员面板）
4	A21 Safety board	安全板
5	G3 Ultra cap	备用能源组（UPS）
6	G1&G2 AC/DC	配电单元
7	A31 Main Computer	计算机单元
8	A31.4 NGAC Safety board	安全模块（SafeMove 的 SafetymoduleDSQC1015）
9	A35 Digital I/O	I/O 装置
10	I/Ox I/O unit	I/O 接线单元
11	Z1	线性过滤器
12	K42、K43	电动机接触器
13	TPU	示教器单元（Teach Pendant Unit）
14	Field bus	现场总线
15	Ethernet service	以太网
16	USB	通用串口总线
17	LAN	局域网

任务 4-3 控制柜故障诊断的技巧

◆ 任务描述

当工业机器人控制柜发生故障报警后，如何快速准确地定位故障并给出诊断结果是本任务主要学习的内容。

◆ 知识学习

1. 控制柜故障的诊断技巧

工业机器人本身的可靠性非常高，大部分的故障可能都是人为操作不当所引起的。所以当工业机器人发生故障时，先不用着急对机器人进行拆装检查，而是应该对机器人周边的部件、接头进行检查。如果周边部件与接头不存在故障，我们再对控制柜内部模块进行诊断。控制柜内模块的状态和故障的诊断主要是通过对模块上的 LED 状态指示灯进行状态识别的，这部分内容在项目七"任务 7-2 按单元进行故障排除"中会有详细的讲解。标准型控制柜和紧凑型控制柜的大部分模块都是通用的。我们可以通过对标准型控制柜的诊断技巧进行学习，从而灵活运用到紧凑型控制柜中。

2. 软故障诊断技巧

在机器人正常运行的过程中，由于对机器人系统 RobotWare 进行了误操作（例如意外删除系统模块、I/O 设定错乱等）引起的报警与停机，我们可以称之为软故障。

在实际工业机器人应用过程中，如果工业机器人运行稳定、功能正常，不建议随意修改 RobotWare，包括增减选项与升级版本。只有在当前运行的 RobotWare 有异常并影响到工业机器人的效率与可靠性时，才去考虑升级 RobotWare 来解决软件本身的问题。

一般可根据从外到内、从软到硬和从简单到复杂的流程处理故障。特别是软故障，一般情况下可以通过重启的方法进行修复。

（1）故障处理流程　见图 4-24。

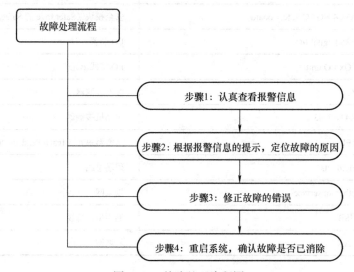

图 4-24　故障处理流程图

（2）合理应用重启功能　根据软件故障来选择重启方式，对故障进行修复。要注意不同的重启方式会不同程度地删除数据，请谨慎操作（见表 4-4）。

表 4-4　重启方式说明

功　能	消除的数据	说　明
重启	不会	只是将系统重启一次
重置系统	所有的数据	系统恢复到出厂设置
重置 RAPID	所有 RAPID 程序代码及数据	RAPID 恢复到原始的编程环境
启动引导应用程序	不会	进入系统 IP 设置及系统管理界面
恢复到上次自动保存的状态	可能会	如果是本次因为误操作引起的，重启时会调用上一次正常关机保存的数据
关闭主计算机	不会	关闭主计算机，然后再关闭主电源，是较为安全的关机方式

注：在进行重启的相关高级操作前，建议先对机器人系统进行一次备份。

重启功能的操作步骤见表 4-5。

表 4-5　重启功能操作

步　骤	图　示
1. 打开菜单栏 2. 单击"重新启动"	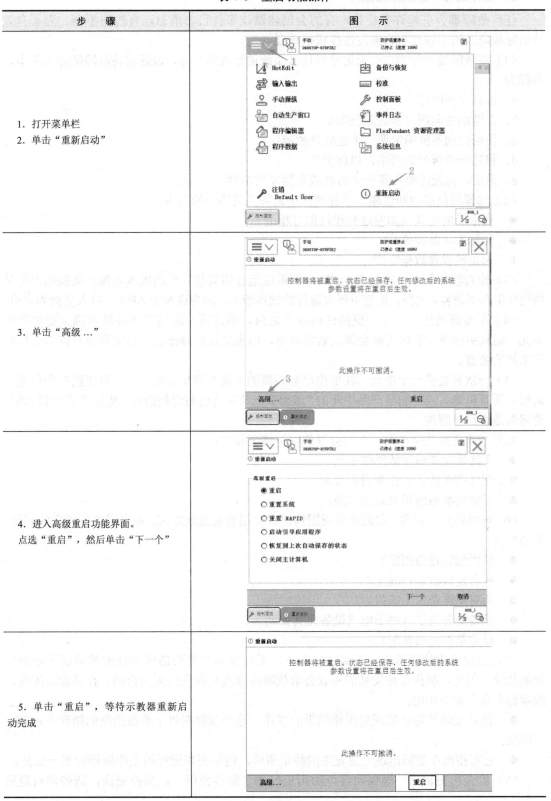
3. 单击"高级 …"	
4. 进入高级重启功能界面。 点选"重启",然后单击"下一个"	
5. 单击"重启",等待示教器重新启动完成	

3. 硬件故障诊断及处理技巧

任何故障都会引起许多症状，有的会创建错误事件日志消息，有的则不会。为了有效地消除故障，辨别原症状和继发性症状很重要。

（1）将故障链一分为二　无论是对什么系统进行故障排除，最好都将故障链分为两半。步骤为：

a．标识完整的链。

b．在链的中间确定和测量预期值。

c．使用此预期值确定哪一半造成该故障。

d．将这一半再分为两半，以此类推。

e．最后，可能需要隔离一个组件或有故障的部件。

（2）选择通信参数和电缆　串行通信中最常见的错误原因为：

● 有故障的电缆（如发送和接收信号相混）。

● 传输率（波特率）。

● 未正确设置数据宽度。

（3）检查软件版本　确保 RobotWare 和系统运行的其他软件的版本正确。某些版本与某些硬件组合不兼容。另外，请记下所有运行的软件版本，因为这对于 ABB 支持人员极为有用。

（4）不要随机更换单元　更换任何部件之前，确定该故障的原因并进而确定要更换的单元。随机更换单元有时可能会解决紧急问题，但也会让故障排除人员需要面对许多工作状况未知的装置。

（5）一次只更换一个单元　在更换已被隔离的可疑故障单元时，一次只更换一个单元。请根据现有机器人或控制器产品手册的"维修"一节中的说明更换组件。更换之后测试系统，看问题是否已经解决。

如果一次更换几个单元，可能会导致以下情况发生：

● 无法确定造成该故障的单元。

● 使订购新的备用件变得更复杂。

● 可能会给系统带来新的故障。

（6）环顾四周　通常，在您观察周围情况时会很容易发现原因。在出错设备所在的区域，务必检查：

● 紧固螺钉是否固定？

● 所有连接器是否固定？

● 所有电缆是否无破损？

● 设备是否清洁（对于电气设备尤其如此）？

● 设备是否正确装配？

（7）创建历史故障日志　在某些情况下，某些安装可能会造成其他安装情况下不会出现的故障。因此，制作每种安装的图表会给故障排除人员提供巨大的帮助。在排除故障时，故障日志具备如下作用：

● 能让故障排除者发现原因和结果的规律，这些规律在每个单独出现的错误中可能并不明显。

● 它可指出在故障出现之前发生的特定事件，例如正在运行的工作周期的某一部分。

（8）检查历史记录　确保始终查阅历史日志（如有使用）。另外记住，请咨询问题第一次发生时正在工作的操作员。

（9）该故障是在什么阶段发生的　在故障排除期间所检查的内容很大程度上取决于：在发生故障时，机器人是否是最近全新安装的？最近是否修理过？表 4-6 是有关在特定情况下所要检查内容的提示信息。

表 4-6　特定情况操作

如果系统刚刚：	那么：
安装	检查： ● 配置文件 ● 连接 ● 选项及其配置
修理	检查： ● 与更换部件的所有连接 ● 电源 ● 安装了正确的部件
升级软件	检查： ● 软件版本 ● 硬件和软件之间的兼容性 ● 选项及其配置
从一个地点移至另一个地点（已工作的机器人）	检查： ● 连接 ● 软件版本

（10）提交错误报告　如果您需要 ABB 支持人员协助进行系统故障排除，可提交一份正式的错误报告。为了使 ABB 支持人员更好地解决您的问题，可根据要求附上系统生成的专门诊断文件。诊断文件包括：

● 事件日志，即所有系统事件的列表。

● 为诊断而做的系统备份。

● 供 ABB 支持人员使用的内部系统信息。注意：如果支持人员并没有明确要求附加文件，则无须创建或附加任何文件到错误报告。

按表 4-7 所列的步骤手动创建诊断文件。

表 4-7　创建诊断文件

步　骤	操　作
1	单击 "ABB"，然后单击 "控制面板"，再单击 "诊断"，显示以下界面：

(续)

步 骤	操 作
2	指定诊断文件的名称、保存文件夹，然后单击"确定"。默认的保存文件夹是 C:/Temp，但可选择任何文件夹，例如外部连接的 USB 存储器。系统显示"正在创建文件。请等待！"，可能需要几分钟的时间
3	要缩短文件传输时间，您可以将数据压缩进一个 zip 文件中
4	写一封普通的电子邮件给向您当地的 ABB 支持人员，确保包括下面的信息： ● 机器人序列号 ● RobotWare 版本 ● 外部选项 ● 书面故障描述。越详细就越便于 ABB 支持人员为您提供帮助 ● 如有许可证密钥，也需随附 ● 附加诊断文件
5	发送邮件

4. 故障诊断实例讲解

（1）与 SMB 通信中断　工业机器人通电启动后，示教器就显示故障报警事件日志 38103"与 SMB 的通信中断"，如图 4-25 所示。遇到这种情况该如何解决？按照事件日志消息 38103 对可能性原因进行分析，总结下来可能原因见表 4-8。

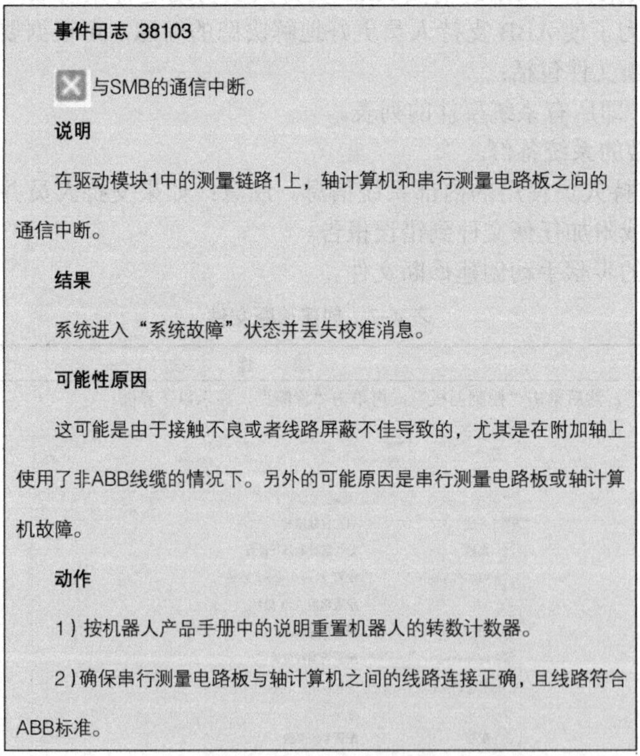

事件日志 38103

❌ 与SMB的通信中断。

说明

在驱动模块1中的测量链路1上，轴计算机和串行测量电路板之间的通信中断。

结果

系统进入"系统故障"状态并丢失校准消息。

可能性原因

这可能是由于接触不良或者线路屏蔽不佳导致的，尤其是在附加轴上使用了非ABB线缆的情况下。另外的可能原因是串行测量电路板或轴计算机故障。

动作

1）按机器人产品手册中的说明重置机器人的转数计数器。

2）确保串行测量电路板与轴计算机之间的线路连接正确，且线路符合ABB标准。

图 4-25　事件日志 38103

表4-8 事件日志38103故障原因分析

原 因	描 述
1	SMB电缆有问题或电缆插头松动
2	机器人本体里面的串行测量电路板有问题
3	控制柜里面的轴计算机有问题

表4-8中这三个原因都可能涉及硬件的更换。假如这台设备刚刚因为生产工艺的调整进行了搬运和重新布局，那么会不会是因为这个原因造成此次的故障呢？这个时候，我们会考虑先去检查一下这三个方面，主要是对连接的插头和电路板上的状态灯进行查看，见表4-9。

根据表4-9分析，造成这个故障的原因就是控制柜端的SMB电缆插头松动。我们按照表4-10所列的步骤进行处理看看能不能将故障排除。

表4-9 事件日志38103故障排查步骤

序 号	原 因	说 明
1	原因1	检查电缆完整性
2	原因2	打开机器人本体里面的串行测量电路板，在通电状态下观察电路板上两个状态显示灯，若两显示灯均正常，则电路板无故障。打开后发现两状态显示灯状态正常
3	原因3	轴计算机出问题在主计算机单元通信连接端口"X9 AXC"，此端口为主计算机单元和轴计算机单元通信连接端口，若状态灯位熄灭状态，表示无通信，则为轴计算机出现故障，而且机器人报警代码为39520

表4-10 解决SMB电缆插头松动问题操作步骤

步 骤	描 述
1	关闭机器人总电源
2	将SMB电缆插头重新插好并拧紧，如图4-26所示
3	顺便检查机器人本体与控制柜上的所有插头是否插好
4	重新通电后，故障报警消失

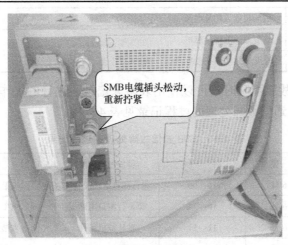

图4-26 SMB电缆插头松动

（2）机器人周边观察的一般检查方法　从上面的这个实例，我们就发现在机器人故障报警信息所显示的故障只是由于插头松动，并不是信息之中所描述的硬件故障。

所以在处理故障时，可以先从表 4-11 所列的这几个方面着手，从简单到复杂，从机器人外部周边到内部硬件进行故障的查找与分析。

表 4-11　机器人周边观察的一般检查方法

检　查	描　述
1	相关的紧固螺钉是否松动
2	所有电缆的插头是否插好
3	电缆表面是否有破损
4	硬件电路模块是否清洁，是否潮湿
5	各模块是否正确安装（周期保养后）

（3）"一次只更换一个元件"的操作方法　我们继续以 SMB 通信中断这个故障为例。如果在排除了插头与电缆的问题后还是无法排除故障，就可能真的涉及硬件的故障了。

这里涉及两个硬件：一个是机器人本体里面的串行测量电路板，另一个是控制柜里面的轴计算机。那么到底是哪一个有问题？还是两个都有问题呢？这个时候，我们就建议在对硬件进行故障诊断与排除时使用"一次只更换一个元件"的操作方法。操作步骤见表 4-12。

表 4-12　排除 SMB 通信故障操作步骤

步　骤	描　述
1	关闭机器人的总电源
2	更换串行测量电路板
3	打开机器人的总电源，如果故障还没有排除，则继续进行下面的步骤
4	关闭机器人的总电源
5	恢复原来的串行测量电路板
6	更换轴计算机
7	打开机器人的总电源。如果故障还没有排除，则继续进行下面的步骤
8	关闭机器人的总电源
9	恢复原来的轴计算机
10	至此如果故障还没有排除，最好联系厂家进行检修

在更换元件进行故障排除时，可以使用表格来记录所进行的操作，方便元件的恢复与故障分析。以上 SMB 通信故障处理的过程记录见表 4-13。

表 4-13　SMB 通信故障处理的过程记录

编　号	日　期	时　间	部件名称型号	操　作	结　果
1	3月6日	10：00	串行测量电路板备件	安装	故障依旧
2	3月6日	10：34	原串行测量电路板	恢复	
3	3月6日	11：54	轴计算机备件	安装	故障依旧
4	3月6日	12：54	原轴计算机	恢复	

◆ 学习检测

自我学习测评表如下：

学习目标	自我评价			备 注
	掌 握	理 解	重 学	
掌握工业机器人标准型控制柜的组成				
掌握工业机器人紧凑型控制柜的组成				
掌握控制柜电路图解读的技巧				
掌握工业机器人紧凑型控制柜电路图				
掌握控制柜故障诊断的技巧				

练习题

1. 请画出标准型控制柜主要模块的布置并标注相应的名称。
2. 请画出紧凑型控制柜主要模块的布置并标注相应的名称。
3. 简述工业机器人控制柜软故障的检查方法。
4. 简述硬件故障排除时的要诀和技巧。
5. 简述故障诊断时对工业机器人周边进行观察的方法。
6. 简述"一次只更换一个元件"的操作方法。

项目五

工业机器人控制柜维护与维修

⊃ **项目目标**

- 掌握工业机器人紧凑型控制柜的周期维护
- 掌握工业机器人紧凑型控制柜的维修安全操作
- 熟悉控制柜不同元件更换的操作步骤

⊃ **任务描述**

本项目以工业机器人紧凑型控制柜为例,详细描述了紧凑型控制柜的周期维护与维修操作。通过本项目的学习,读者应学会独立且规范地进行 ABB 工业机器人控制柜的周期维护与元件维修更换操作。

任务 5-1 工业机器人紧凑型控制柜的周期维护

◆ **任务描述**

为保证工业机器人紧凑型控制柜 IRC5 功能正常使用,应定期进行维护活动。从了解控制柜结构入手,通过紧凑型控制柜 IRC5 维护计划,学习不同维护项目的操作步骤。

◆ **知识学习**

1. 紧凑型控制柜 IRC5 维护计划

工业机器人控制柜应进行定期维护才能确保功能。表 5-1 规定了维护活动及相应时间间隔。根据工业机器人紧凑型控制柜 IRC5 维护计划制订日点检表(表 5-2)和定期点检表(表 5-3)。

表 5-1　工业机器人控制柜维护计划表

设　备	维护活动	间　隔
FlexPendant	清洁	定期
系统风扇	检查	6 个月[①]
完整的控制器	检查	12 个月[①]
紧急停止(操作面板)	功能测试	12 个月
紧急停止(FlexPendant 示教器)	功能测试	12 个月
模式开关	功能测试	12 个月
使动装置	功能测试	12 个月
电动机接触器 K42、K43	功能测试	12 个月
制动接触器 K44	功能测试	12 个月
自动停止(如果使用则测试)	功能测试	12 个月
常规停止(如果使用则测试)	功能测试	12 个月
安全部件	翻新	20 年

① 时间间隔取决于设备的工作环境,较为清洁的环境可以延长维护间隔。

表 5-2 紧凑型控制柜 IRC5 日点检表

年___月

类别	编号	检查项目	要求标准	方法	1	2	3	4	5	6	7	8	9	10	11	12	13	14	15	16	17	18	19	20	21	22	23	24	25	26	27	28	29	30	31
日点检	1	控制柜清洁，四周无杂物	无灰尘异物	擦拭																															
	2	保持通风良好	清洁无污染	看																															
	3	示教器功能	显示正常	看																															
	4	控制柜运行状态	正常控制机器人	看																															
	5	检查安全防护装置、紧急按钮	安全装置运作正常	测试																															
		确认人签字																																

注：日点检要求每日开工前进行。设备点检、维护正常画"√"；使用异常画"△"；设备未运行画"/"。

表 5-3 紧凑型控制柜 IRC5 定期点检表

年___

类别	编号	检查项目	1	2	3	4	5	6	7	8	9	10	11	12
定期①点检 每6个月	1	清洁示教器 FlexPendant												
		确认人签字												
	2	检查控制柜散热风扇												
		确认人签字												
每12个月	3	清洁控制柜散热风扇												
	4	检查电动机接触器 K42、K43												
	5	检查制动接触器 K44												
		确认人签字												

注：设备点检、维护正常画"√"；使用异常画"△"；设备未运行画"/"。
①"定期"意味着需要定期执行相关活动，但实际的间隔可以不遵守机器人制造商的规定。此间隔取决于机器人的操作周期、工作环境和运动模式。通常来说，环境的污染越严重，运动模式越苛刻（电缆线束弯曲越厉害），检查间隔也越短。

2. 紧凑型控制柜 IRC5 维护操作

（1）日常点检项目维护操作

日点检项目 1：控制柜清洁，四周无杂物

在控制柜周边要保留足够的空间与位置，以便于操作与维护。根据表 5-4 操作程序检查并清洁紧凑型控制柜 IRC5。

表 5-4　控制柜检查与清洁

步　骤	操　作	附注 / 图示
1	⚠️ 危险 在机柜内进行任何作业之前，请先确保主电源已经关闭	
2	静电放电（ESD） 该装置易受 ESD 影响。在操作该装置之前，请先消除静电	
3	检查控制柜周边	
4	检查系统风扇和机柜表面的通风孔以确保其干净清洁	

日点检项目 2：保持通风良好

对于电气元件来说，保持一个合适的工作温度尤为重要。环境温度过高，会触发工业机器人本身的保护机制而报警。并且，持续长时间的高温运行会损坏机器人电气相关的模块与元件。

日点检项目 3：示教器功能

正式操作之前，必须先检查示教器的所有功能是否正常（见表 5-5），以免因为误操作而造成人身安全事故。

表 5-5　示教器功能测试操作步骤

序　号	对　象	检　查
1	触摸屏幕	显示正常，触摸对象无漂移
2	按钮	功能正常
3	摇杆	功能正常
4	使能键	第一档位：电动机开启 第二档位：防护装置停止

日点检项目 4：控制柜运行状态

控制器正常上电后，查看示教器上有无报警，并且注意控制器背面的散热风扇运行是否正常。下面描述了控制柜模式开关功能测试操作步骤。

1）双位模式开关（见表 5-6）。

表 5-6　双位模式开关功能测试操作步骤

序　号	操　作	注　释
1	启动机器人系统	
2	将模式开关开到手动模式，然后切换模式开关到自动模式，以自动模式运行机器人	如果能以自动模式运行机器人，则测试通过 如果无法以自动模式运行机器人，则测试失败，且必须找出问题的原因
3	将模式开关切换到手动模式	如果在 FlexPendant 日志中显示事件消息"10015 Manual mode selected"（10015 已选择手动模式），则测试通过 如果在 FlexPendant 日志中未显示事件消息"10015 Manual mode selected"，则测试失败，且必须找出问题的原因

2）三位模式开关（见表 5-7）。

表 5-7　三位模式开关功能测试操作步骤

序　号	操　作	注　释
1	启动机器人系统	
2	将模式开关开到手动限速模式，然后切换模式开关到自动模式，以自动模式运行机器人	如果能以自动模式运行机器人，则测试通过 如果无法以自动模式运行机器人，则测试失败，且必须找出问题的原因
3	切换模式开关到手动全速模式，以手动全速模式运行程序	如果程序能以手动全速模式运行，则测试通过 如果无法以手动全速模式运行程序，则测试失败，且必须找出问题的原因
4	将模式开关切换到手动限速模式	如果在 FlexPendant 日志中显示事件消息"10015 Manual mode selected"（10015 已选择手动模式），则测试通过 如果在 FlexPendant 日志中未显示事件消息"10015 Manual mode selected"，则测试失败，且必须找出问题的原因

日点检项目 5：检查安全防护装置、紧急按钮

在紧急情况下，应第一时间按下急停按钮。ABB 工业机器人的急停按钮有两个标准配置，分别位于控制柜及示教器上。可以在手动或自动状态下对急停按钮进行测试并复位，确保功能正常。

如果使用安全面板上的安全保护机制 AS、GS、SS、ES 侧对应的安全保护功能，也需进行测试。

1）手动急停功能测试（见表 5-8）。

表 5-8　手动紧急停止功能测试操作步骤

序　号	操　作	注　释
1	对紧急停止按钮进行目视检查，确保没有物理损伤	如果发现紧急停止按钮有任何损坏，则必须更换
2	启动机器人系统	
3	按下紧急停止按钮	如果在 FlexPendant 日志中显示事件消息"10013 emergency stop state"（10013 紧急停止状态），则测试通过 如果在 FlexPendant 日志中未显示"10013 emergency stop state"事件消息或显示了"20223 Emergency stop conflict"（20223 紧急停止冲突），则测试失败，必须找到导致失败的根本原因
4	测试后，松开紧急停止按钮并按下上电 / 复位按钮来解除紧急停止状态	

2）自动停止功能测试（见表 5-9）。

表 5-9　自动停止功能测试操作步骤

序　号	操　作	注　释
1	启动机器人系统并将模式开关转到自动模式	
2	激活自动停止，例如打开安全门（安全门的信号接入安全面板的 AS 信号），机器人即自动停止	如果在 FlexPendant 日志中显示事件消息"20205 Auto stop open"（20205 自动停止开），则测试通过 如果在 FlexPendant 日志中未显示"20205 Auto stop open"事件消息或显示了"20225 Auto stop conflict"（20225 自动停止冲突），则测试失败，必须找到导致失败的根本原因

（2）定期点检项目维护操作

定期点检项目 1：清洁示教器 FlexPendant（每 1 个月）

1）注意事项。

切记：①使用 ESD 保护；②按照规定使用清洁设备！任何其他清洁设备都可能会缩短触摸屏的使用寿命；③清洁前，请先检查是否所有保护盖都已安装到装置；④确保没有异物或液体能够渗透到装置。

切勿进行以下操作：①在清洁 FlexPendant 之前卸除任何盖子；②用高压清洁器进行喷洒；③用压缩空气、溶剂、洗涤剂或擦洗海绵来清洁装置、操作面板和操作元件。

2）位置。要清洁的表面如图 5-1 所示。

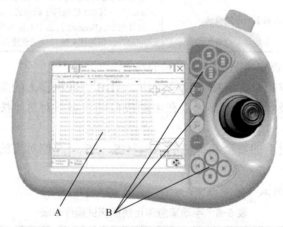

图 5-1　清洁示教器示意图

A—触摸屏　B—硬件按钮

3）所需设备。

设　备	注　释
软布	受 ESD 保护
温水 / 温和的清洁剂	

4）清洁触摸屏。表 5-10 详细介绍了如何清洁触摸屏。

表 5-10　触摸屏清洁步骤

序　号	操　作	参考信息 / 图示
1	清洁屏幕之前，先轻点 ABB 菜单上的"锁定屏幕"	
2	轻点窗口中的"锁定"按钮	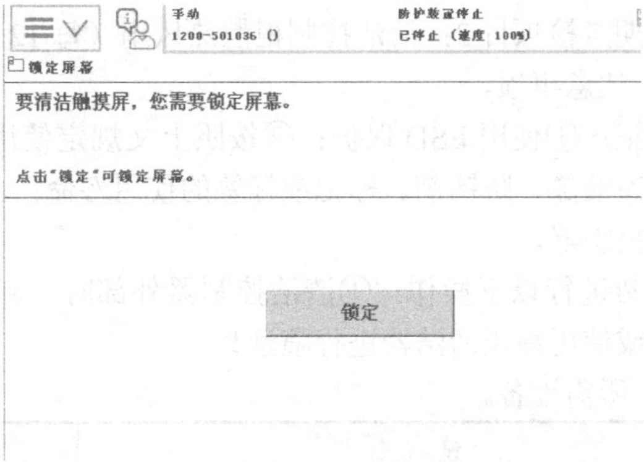
3	当右侧窗口出现时，可以安全地清洁屏幕	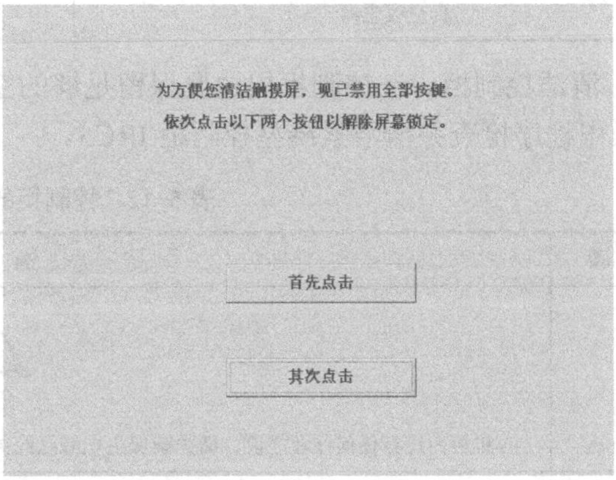
4	使用软布和水或温和的清洁剂来清洁触摸屏和硬件按钮	
5	要解除对屏幕的锁定，请遵循屏幕上的说明进行操作	

定期点检项目 2：检查控制柜散热风扇（每 6 个月）

1）所需设备。

设　备	注　释
标准工具包	静电放电保护

2）检查散热风扇。根据表 5-11 操作程序检查散热风扇。

表 5-11　检查散热风扇

步　骤	操　作
1	<center>⚠ 危险</center> 在机柜内进行作业之前，应先确保主电源已经关闭，并断开输入电源与墙壁插座的连接
2	卸下散热风扇，拆下保护罩
3	检查制动电阻、叶片是否完整，必要时进行更换

定期点检项目 3：清洁控制柜散热风扇（每 12 个月）

1）注意事项。

切记：①使用 ESD 保护；②按照上文规定使用清洁设备！任何其他清洁设备都可能会减少所涂油漆、防锈剂、标记或标签的使用寿命；③清洁前，请先检查是否所有保护盖都已安装到控制器。

切勿进行以下操作：①清洁控制器外部时，卸除任何盖子或其他保护装置；②使用压缩空气或使用高压清洁器进行喷洒！

2）所需设备。

设　备	注　释
真空吸尘器	静电放电保护

3）清洁控制柜。在控制柜周边要保留足够的空间与位置，以便于操作与维护。根据表 5-12 操作程序检查并清洁紧凑型控制柜 IRC5。

表 5-12　控制柜的清洁

步　骤	操　作
1	<center>⚠ 危险</center> 在机柜内进行任何作业之前，请先确保主电源已经关闭
2	卸下散热风扇拆下保护罩
3	使用小清洁刷清扫灰尘并用小托板接住灰尘
4	使用手持吸尘器对遗留的灰尘进行清理
5	清洁后：暂时打开控制器的电源→检查风扇以确保其正常工作→关闭电源

定期点检项目 4：检查电动机接触器 K42、K43（每 12 个月）

根据表 5-13 检查电动机接触器 K42、K43。

表 5-13 电动机接触器 K42、K43 功能测试操作步骤

步 骤	操 作	注 释
1	启动机器人系统并将模式开关转到手动模式	
2	按下使动装置到第一档位,然后保持使动装置在此位置	如果在 FlexPendant 日志中显示事件消息"10011 Motors ON state"(10011 电动机上电状态),则测试通过 如果在 FlexPendant 日志中显示事件消息"37001 Motor on activation error"(37001 电动机上电激活错误),则测试失败,且必须找出问题的原因
3	松开使动装置	如果在 FlexPendant 日志中显示事件消息"10012 safety guard stop state"(10012 安全保护停止状态),则测试通过 如果在 FlexPendant 日志中显示事件消息"20227 Motor contactor conflict"(20227 电动机接触器冲突),则测试失败,且必须找出问题的原因

定期点检项目 5:检查制动接触器 K44(每 12 个月)

根据表 5-14 检查制动接触器 K44。

表 5-14 制动接触器 K44 功能测试操作步骤

步 骤	操 作	注 释
1	启动机器人系统并将模式开关转到手动模式	
2	按下使动装置到第一档位,然后保持使动装置在此位置 保持注视操纵器,稍稍朝任意方向移动摇杆以松开制动器	如果制动器松开且操纵器可以被移动,则测试通过 如果在 FlexPendant 日志中显示事件消息"50056 Joint collision"(50056 关节碰撞),则测试失败,且必须找出问题的原因
3	松开使动装置,将制动器刹住	如果在 FlexPendant 日志中显示事件消息 "10012 safety guard stop state"(10012 安全保护停止状态),则测试通过 如果在 FlexPendant 日志中显示事件消息"37101 Brake failure"(37101 制动器故障),则测试失败,且必须找出问题的原因

任务 5-2 工业机器人紧凑型控制柜的维修

◆ 任务描述

通过工业机器人控制柜内部元件的更换维修学习,更深入地了解控制柜内部结构,并且学会维修操作标准流程。

对于工业机器人控制柜的维修,应严格按照标准操作流程进行维修操作,以免操作不当引起控制柜内部元件损坏。在更换控制器中的装置时,应做好被更换装置及更换装置的序列号、货号、版本号等信息记录,并告知厂家,这对保持设备的完整性尤为重要。

◆ 知识学习

维修项目 1:更换安全板

1. 安全板位置

安全板的位置如图 5-2 中的 A 所示。

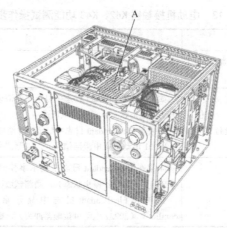

图 5-2 安全板

2. 所需设备

设　备	注　释
安全板	DSQC400
电路图	

3. 卸除

根据表 5-15 操作步骤卸除安全台。

表 5-15　卸除安全板操作步骤

步　骤	操　作	附注／图示
1	⚠️ 危险 在机柜内进行任何作业之前，请先确保主电源已经关闭	
2	静电放电（ESD） 该装置易受 ESD 影响	
3	取下机柜的盖板	
4	断开所有连接器的连接	对所有连接都进行记录
5	卸除翼形螺钉，然后打开机柜前端的保护盖	
6	断开三个客户连接器	

（续）

步　骤	操　作	附注／图示
7	卸除护盖上的 4 个固定螺钉	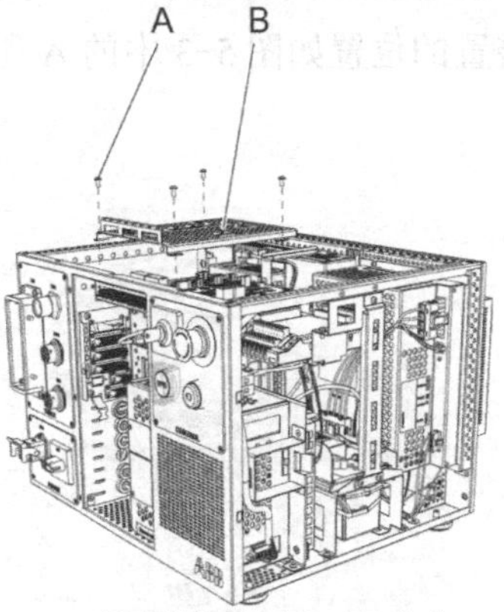 A—固定螺钉（4 个）　B—护盖
8	卸除 8 个止动螺钉	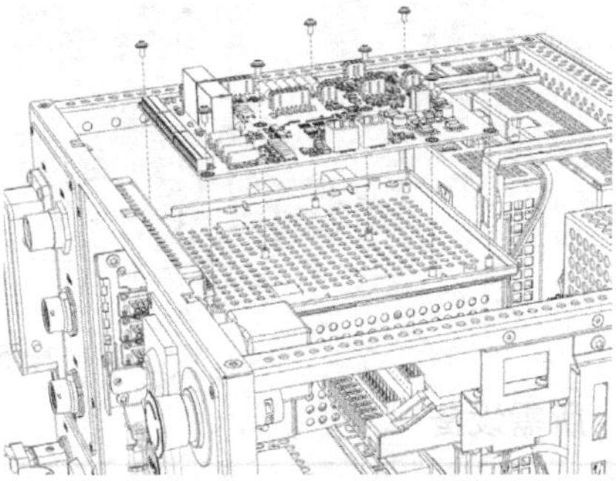
9	轻轻提出安全板	

4. 重新安装

根据表 5-16 操作步骤重新安装安全板。手持板卡时请务必只接触边缘，以免损坏板卡或其元件。

表 5-16　重新安装安全板操作步骤

步　骤	操　作
1	 ⚠ 危险 在机柜内进行任何作业之前，请先确保主电源已经关闭
2	 静电放电（ESD） 该装置易受 ESD 影响
3	轻轻将安全台提出 ESD 安全袋，并将其安装到安全台板上的正确位置
4	用止动螺钉固定安全板
5	重新安装安全板部件的护盖
6	重新连接所有连接器
7	重新安装机柜盖

维修项目 2：更换 I/O 装置

1. I/O 装置的位置

I/O 装置的位置如图 5-3 中的 A 所示。

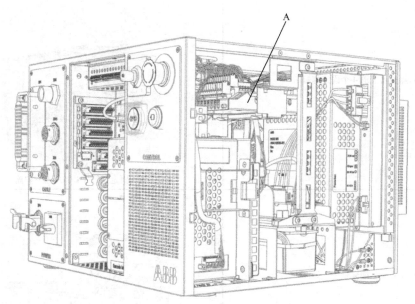

图 5-3　I/O 装置

2. 所需设备

设　备	注　释
I/O 装置	DSQC652
电路图	

3. 卸除

表 5-17 详细描述了如何卸除 I/O 装置。

表 5-17　卸除 I/O 装置

步　骤	操　作	注释 / 图示
1	⚠ 危险 在机柜内进行任何作业之前，请先确保主电源已经关闭	
2	静电放电（ESD） 该装置易受 ESD 影响	
3	取下机柜的盖板	
4	断开连接器与装置的连接	注意各连接器的位置，以便于重新装配

（续）

步　骤	操　作	注释／图示
5	倾斜该装置使其远离安装导轨，然后将其卸除	

4. 重新安装

表 5-18 描述了如何重新安装 I/O 装置。

表 5-18　重新安装 I/O 装置

步　骤	操　作
1	⚠️ 危险 在机柜内进行任何作业之前，请先确保主电源已经关闭
2	 静电放电（ESD） 该装置易受 ESD 影响
3	将该装置钩回安装导轨并轻轻将其卡到位
4	重新连接在卸除过程中断开连接的所有连接器
5	重新安装机柜盖

维修项目 3：更换备用能源组

1. 备用能源组的位置

图 5-4 示出了 IRC5 Compact 中备用能源组的位置。

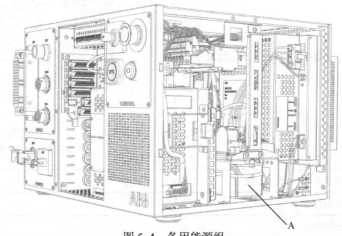

图 5-4　备用能源组

2. 所需设备

设　备	注　释
备用能源组	DSQC652

3. 卸除

表 5-19 描述了卸除备用能源组的方法。

表 5-19　卸除备用能源组

步　骤	操　作	附注 / 图示
1	 ⚠️ 危险 在机柜内进行任何作业之前，请先确保主电源已经关闭	
2	取下机柜的盖板	
3	卸下三个固定螺钉并卸下支撑条	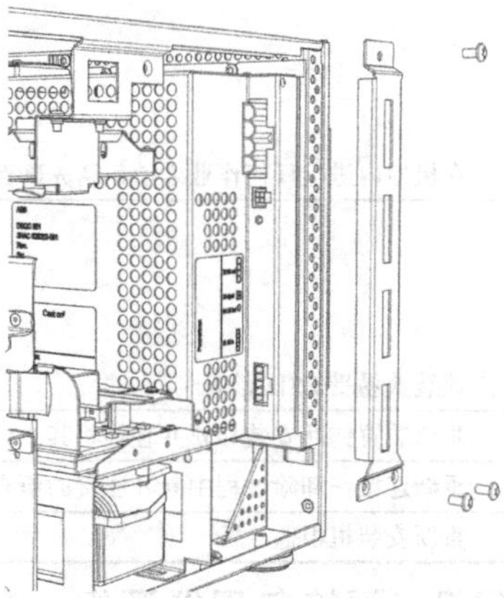
4	卸下两个固定螺钉，稍稍拉出备用能源组	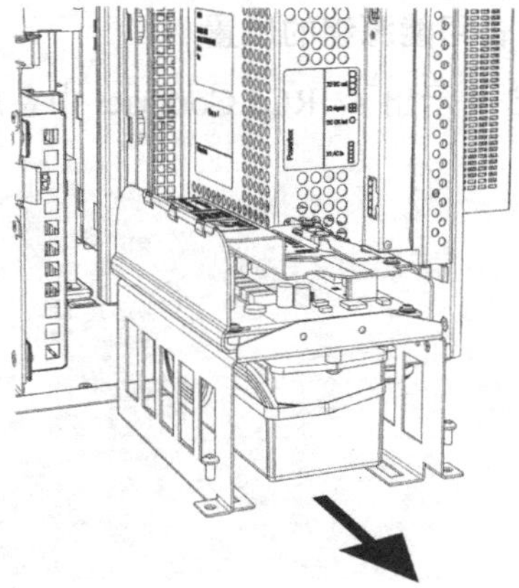
5	断开所有连接器与配电板的连接	
6	完全拉出备用能源组	
7	卸除两个连接螺钉	

（续）

步骤	操 作	附注 / 图示
8	卸下备用能源组	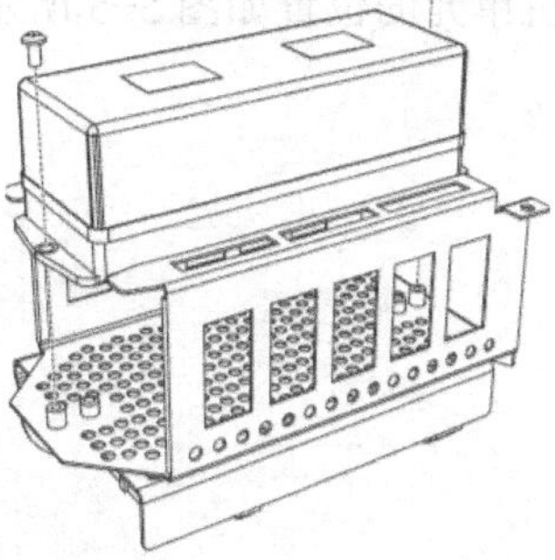

4. 重新安装

表 5-20 详细描述了如何重新安装备用能源组。

表 5-20　重装备用能源组

步骤	操 作	附注 / 图示
1	 ⚠️ 危险 在机柜内进行任何作业之前，请先确保主电源已经关闭	
2	重新安装新备用能源组	
3	重新安装止动螺钉，然后将其拧紧	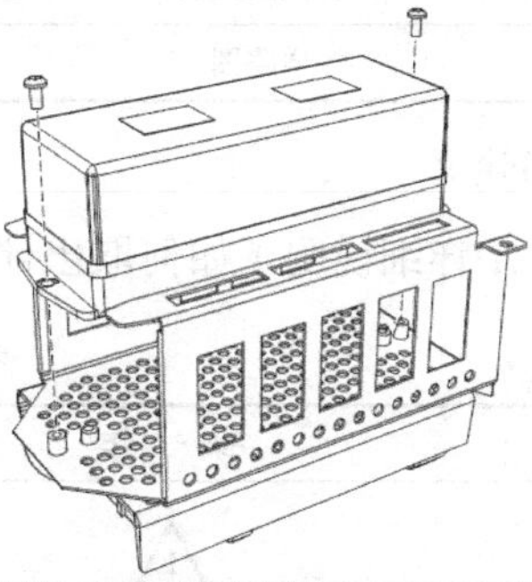
4	将备用能源组滑入到一半	
5	将所有连接器重新连接到配电板	
6	重新安装备用能源组，注意确保将锁扣安装到位	
7	用三个止动螺钉装回支撑条	
8	重新安装机柜盖	
9	执行功能测试以确认安全功能工作正常	

维修项目 4：更换计算机单元

1. 计算机单元的位置

计算机单元的位置如图 5-5 所示。

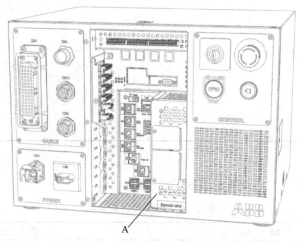

图 5-5 计算机单元

2. 所需设备

设 备	注 释
计算机单元	DSQC1018（或 DSQC1000）
标准工具包	其内容详见"标准工具包"一节。
电路图	

3. 卸除

表 5-21 详细说明了如何取出计算机单元。

表 5-21 取出计算机单元

步 骤	操 作	附注 / 图示
1	⚠ 危险 在机柜内进行任何作业之前，请先确保主电源已经关闭	
2	⚠ 警告 该装置易受 ESD 影响	
3	打开前面的单元门并断开计算机单元的所有连接器	
4	取下机柜的盖板	
5	从计算机拔下所有的接头	

（续）

步　骤	操　作	附注／图示
6	拧下轴计算机的止动螺钉	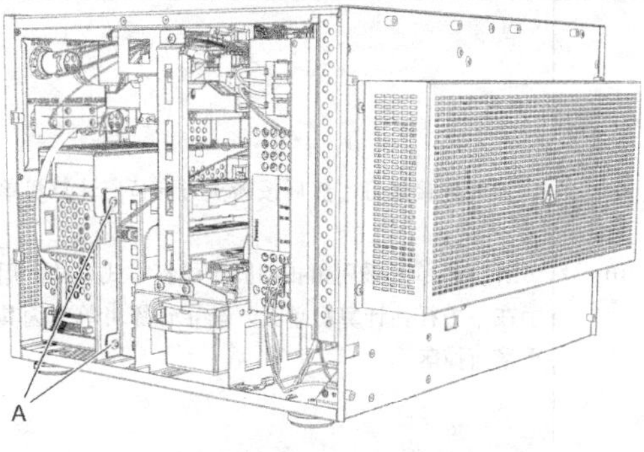 A—轴计算机止动螺钉
7	轻拉轴计算机，释放轴计算机上的锁扣，使其脱离安装板上的凹进处。将轴计算机稍微推离安装板	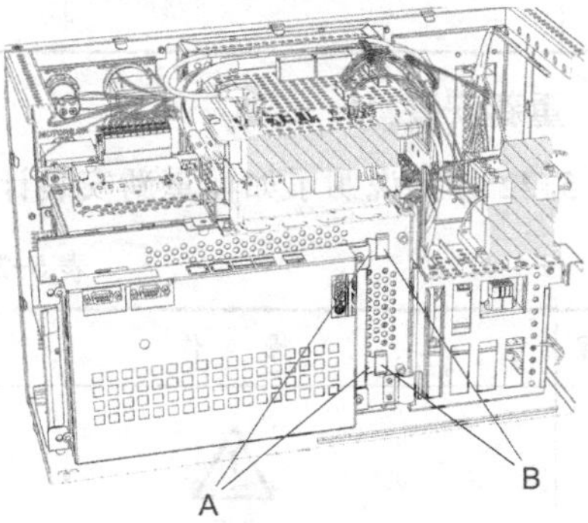 A—锁扣　B—凹进处
8	卸下安装板上的三个固定螺钉	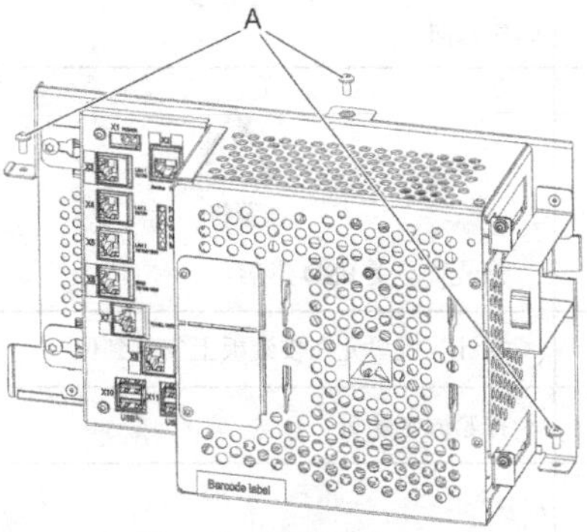 A—连接螺钉
9	将安装板与计算机单元一起滑出控制柜。稍微地提升计算机单元，让底部的手腕带按钮高于机柜的边缘	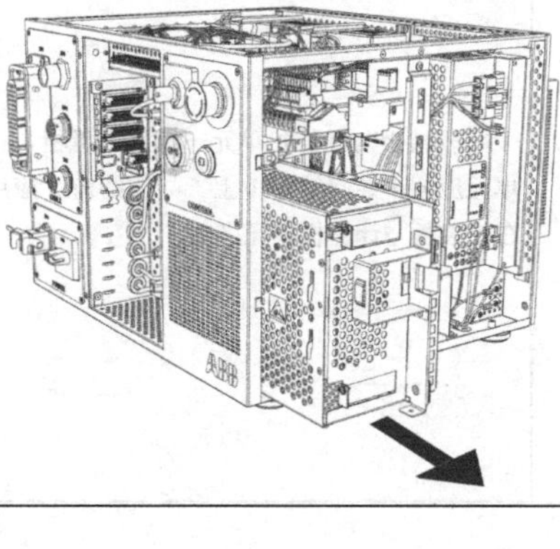

（续）

步　骤	操　作	附注／图示
10	松开连接螺钉，然后按箭头方向拉出计算机单元 计算机单元采用锁扣和固定螺钉方式悬挂，用手在下方托住计算机单元，防止计算机单元因其重量而掉落	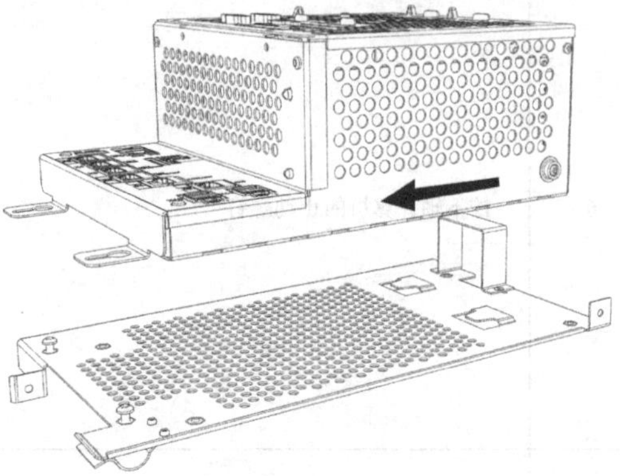

4. 重新安装

表 5-22 详细说明了如何重新安装计算机单元。

表 5-22　重装计算机单元

步　骤	操　作	附注／图示
1	⚠️ 危险 在机柜内进行任何作业之前，请先确保主电源已经关闭	
2	⚠️ 警告 该装置易受 ESD 影响	
3	将计算机单元在安装板上安装到位	
4	拧紧固定螺钉	
5	将安装板与计算机单元一起滑入机柜。计算机单元应搁在导向结构 1 上。导向结构 2 应用安装在安装板与计算机单元之间	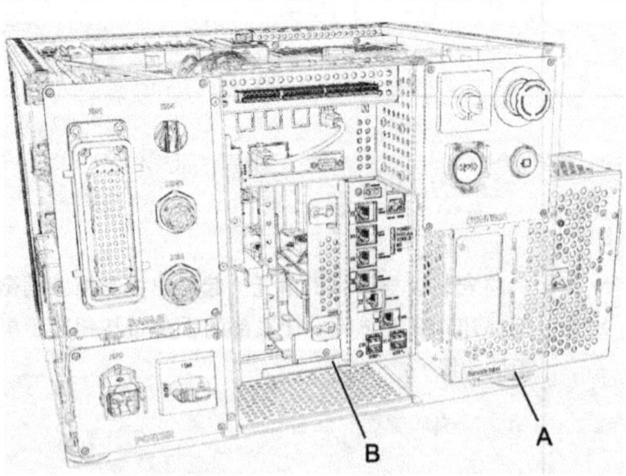 A—导向结构 1　B—导向结构 2

（续）

步　骤	操　作	附注 / 图示
6	确保计算机单元弹簧夹在机柜内的结构壁上	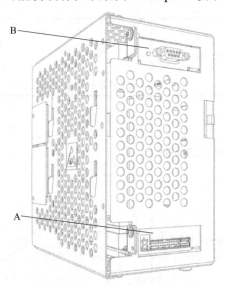 A—计算机单元弹簧　B—结构壁
7	拧紧安装板止动螺钉	
8	安装轴计算机单元，以便其锁扣装入安装板的凹进处	
9	拧紧轴计算机单元止动螺钉	
10	重新插上计算机单元的所有接头	
11	重新安装机柜盖	

维修项目 5：更换计算机单元中的 PCIexpress 板卡

1. PCIexpress 板卡的位置

计算机单元中的插槽上可能会装有以下某块 PCIexpress 板卡，如图 5-6 所示。

图 5-6　PCIexpress 板卡

A—安全模块 DSQC1015　B—其他设备的 PCI-E 插槽

1）DeviceNet Master/Slave。

2）Profibus-DP Master。

3）安全板（第二代 SafeMove 安全控制器）。

2. 所需设备

设 备	货 号	注 释
Profibus-DP Master	3HAC044872-001	DSQC1005 Profibus
DeviceNet Master/Slave	3HAC043383-001	DSQC1006 DeviceNet
安全台	3HAC048858-001	DSQC1015 SafeMove（第二代）
标准工具包		

3. 卸除

表 5-23 介绍了如何卸下 PCIexpress 板卡。

表 5-23　卸下 PCIexpress 板卡

步 骤	操 作	附注/图示
1	 ⚠ 危险 在机柜内进行任何作业之前，请先确保主电源已经关闭	
2	 ⚠ 静电放电（ESD） 该装置易受 ESD 影响	
3	取下机柜的盖板	
4	卸下计算机装置	
5	拔下任何与 PCIexpress 板卡连接的线缆	 💡 提示 记录断开了哪些线缆的连接
6	卸下固定螺钉并拉开上盖，打开计算机单元。断开风扇接头  ⚠ 小心 在打开和取下上盖时要小心，切勿拉紧风扇线缆	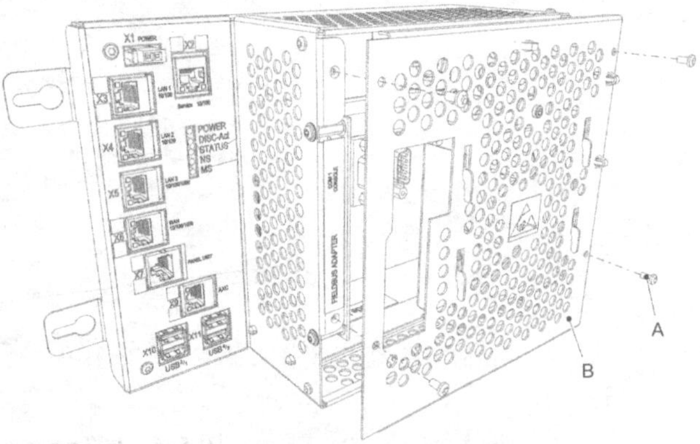 A—固定螺钉（4 个）　B—上盖

（续）

步　骤	操　作	附注／图示
7	取下 PCIexpress 板卡框架顶部的固定螺钉	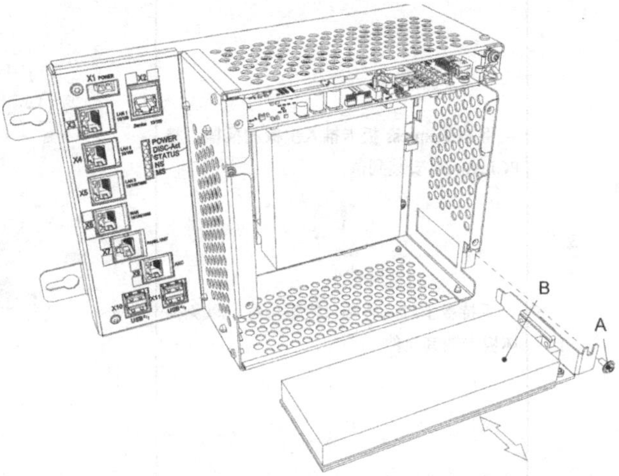 A—固定螺钉　B—PCIexpress 板卡
8	将板卡轻轻垂直拔出	 小心 手持板卡时请务必只接触边缘，以免损坏板卡或其元件  小心 立即将板卡装入 ESD 安全袋或类似容器中

4.　重新安装

表 5-24 详细说明了如何装回 PCIexpress 板卡。

表 5-24　重装 PCIexpress 板卡

步　骤	操　作	附注／图示
1	 危险 在机柜内进行任何作业之前，请先确保主电源已经关闭	
2	 静电放电（ESD） 该装置易受 ESD 影响	

（续）

步　骤	操　作	附注／图示
3	将 PCIexpress 板卡推入主板的插槽，将 PCIexpress 安装到位 ！ 小心 手持板卡时请务只接触边缘，以免损坏板卡或其元件	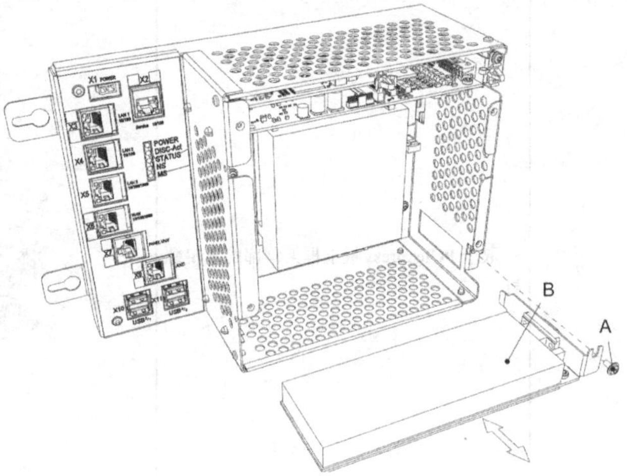 A—固定螺钉　B—PCIexpress 板卡
4	重新装上 PCIexpress 板卡框架上的固定螺钉	
5	重新将所有附加线缆连接到 PCIexpress 板卡	
6	重新装上风扇接头并关闭计算机单元 ！ 小心 在关闭上盖时要小心，切勿挤压风扇线缆	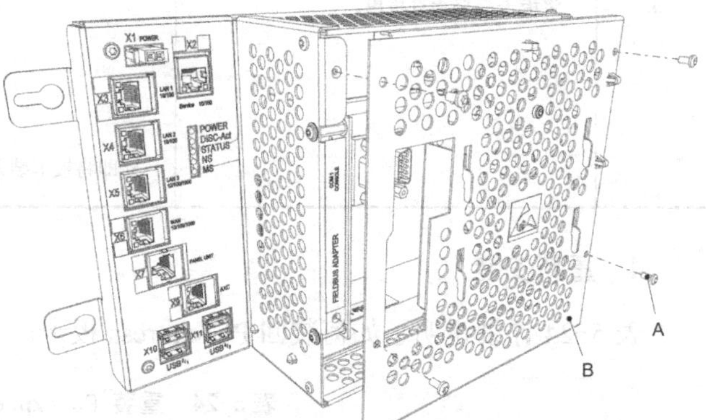 A—固定螺钉（4 个）　B—上盖
7	重新安装计算机装置	
8	重新安装控制器盖	
9	确保机器人系统已加载支持所安装的 PCIexpress 板卡的配置	
10	执行功能测试以确认安全功能工作正常	

维修项目 6：更换计算机单元的扩展板

1. 扩展板位置

要在控制器上连接串行通信或现场总线适配器，主计算机需要配备扩展板 DSQC1003。

扩展板带有串行信道和一个 AnybusCC 现场总线适配器的插槽。

扩展板在计算机中的位置如图 5-7 所示。

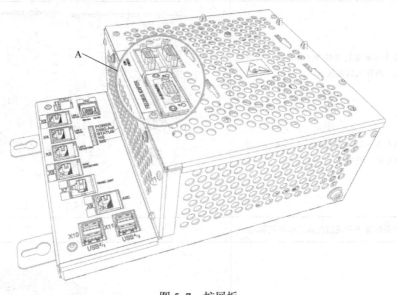

图 5-7　扩展板

2. 所需设备

设　　备	货　　号	注　　释
Expansion Board complete	3HAC046408-001	DSQC1003

3. 卸除

表 5-25 详细描述了如何从计算机装置卸下扩展板。

表 5-25　卸下扩展板

步　　骤	操　　作	附注／图示
1	⚠ 危险 在机柜内进行任何作业之前，请先确保主电源已经关闭	
2	静电放电（ESD） 该装置易受 ESD 影响	
3	取下机柜的盖板	
4	卸下计算机装置	
5	卸下任何与现场总线适配器连接的电缆	

（续）

步　骤	操　作	附注／图示
6	卸下固定螺钉并拉开上盖，打开计算机单元。断开风扇接头 ⚠ 小心 在打开和取下上盖时要小心风扇电缆。切勿拉紧风扇电缆	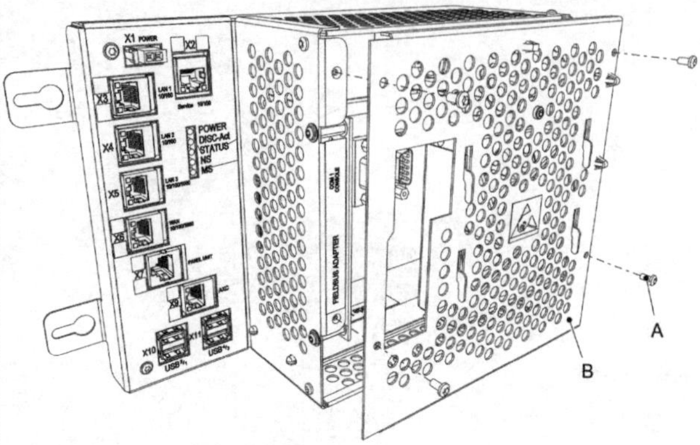 A—固定螺钉（4个）　B—上盖
7	如果有现场总线适配器，请将其卸除	
8	卸除固定计算机单元的螺钉	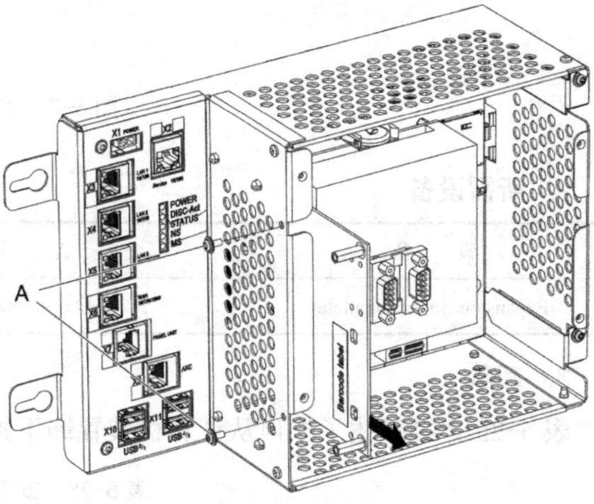 A—连接螺钉（2个）
9	抓住扩展板然后轻轻地平直拉出	⚠ 小心 始终抓紧扩展板的边缘，以避免损坏板或其组件

4. 重新安装

表 5-26 详细描述了如何将扩展板装回计算机装置。

表 5-26　重装扩展板

步　骤	操　作	附注／图示
1	⚠ 危险 在机柜内进行任何作业之前，请先确保主电源已经关闭	

（续）

步 骤	操 作	附注 / 图示
2	⚠️ 静电放电（ESD） 该装置易受 ESD 影响	
3	将扩展板推入主板上的接口将扩展板安装到位 ❗ 小心 小心推动，不损坏任何插脚。确保将扩展板直接推入接口	❗ 小心 始终抓紧扩展板的边缘，以避免损坏板或其组件
4	用固定螺钉将扩展板固定在计算机单元中	
5	重新装上风扇接头并关闭计算机单元 ❗ 小心 在关闭上盖时要小心风扇电缆。切勿挤压风扇电缆	
6	重新安装计算机装置	请参阅更换计算机单元
7	重新安装控制器盖	
8	重新将所有电缆连接到现场总线适配器	
9	执行功能测试以确认安全功能工作正常	

维修项目 7：更换计算机单元的现场总线适配器

1. 现场总线适配器的位置

在计算机单元的插槽上可能装有以下某个现场总线适配器，如图 5-8 所示。

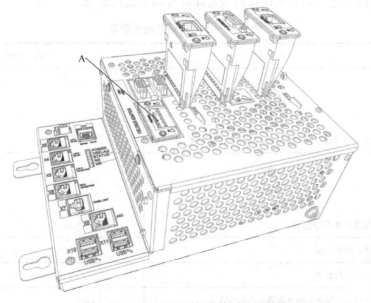

图 5-8 AnybusCC 现场总线适配器插槽

- AnybusCC EtherNet/IP slave
- AnybusCC PROFIBUS slave
- AnybusCC PROFINET slave
- AnybusCC DeviceNet slave

2. 所需设备

设　备	注　释
AnybusCC EtherNet/IP Slave 现场总线适配器	DSQC 669 Ethernet/IP 通信的介绍详见应用手册 - EtherNet/IP Anybus Adapter
AnybusCC PROFIBUS Slave 现场总线适配器	DSQC 667 PROFIBUS 通信的介绍详见应用手册 - PROFIBUS Anybus Device
AnybusCC PROFINET Slave 现场总线适配器	DSQC 688 PROFINET 通信的介绍详见应用手册 - PROFINET Anybus Device
AnybusCC DeviceNet Slave 现场总线适配器	DSQC1004 DeviceNet 通信的介绍详见应用手册 - DeviceNet Anybus Slave
标准工具包	

3. 参考信息

设　备	注　释
应用手册 - EtherNet/IP Anybus Adapter	包含有关如何配置 Ethernet/IP 现场总线适配器 DSQC 669 系统的信息
应用手册 - PROFIBUS Anybus Device	包含有关如何配置 PROFIBUS 现场总线适配器 DSQC 667 系统的信息
应用手册 - PROFINET Anybus Device	包含有关如何配置 PROFINET 现场总线适配器 DSQC 688 系统的信息
应用手册 - DeviceNet Anybus Slave	包含有关如何配置 DeviceNet 现场总线适配器 DSQC1004 系统的信息
电路图	

4. 卸除

表 5-27 详细描述了如何从计算机装置卸除现场总线适配器。

表 5-27　卸除现场总线适配器

步　骤	操　作	附注／图示
1	⚠️ 危险 在机柜内进行任何作业之前，请先确保主电源已经关闭	
2	静电放电（ESD） 该装置易受 ESD 影响	
3	取下机柜的盖板	
4	卸下计算机装置	
5	卸下任何与现场总线适配器连接的电缆	

（续）

步　骤	操　　作	附注／图示
6	拧松现场总线适配器前端的止动螺钉（2 颗）以释放紧固装置  **注意** 仅拧松止动螺钉。请勿将其卸除	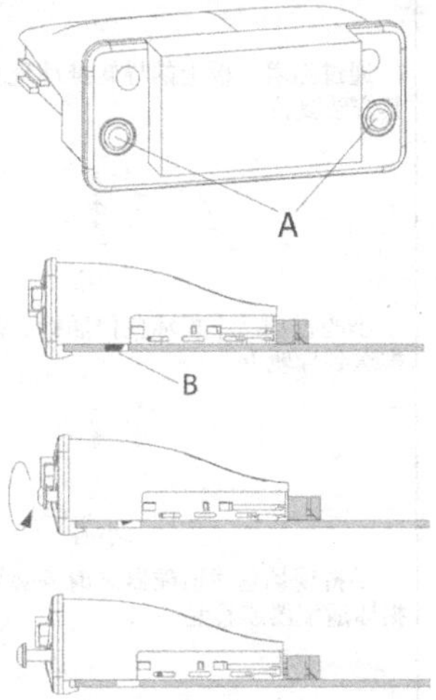 A—连接螺钉（2 个） B—固定机制
7	抓住松开的固定螺钉并轻轻将现场总线适配器笔直拉出	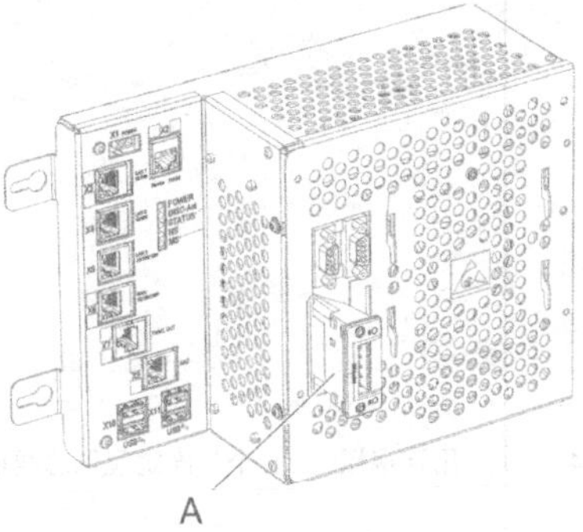 A—现场总线适配器

5. 重新安装

表 5-28 详细描述了如何将现场总线适配器重新安装到计算机装置中。

表 5-28 重装现场总线适配器

步　骤	操　　作	附注／图示
1	 **危险** 在机柜内进行任何作业之前，请先确保主电源已经关闭	
2	 **静电放电（ESD）** 该装置易受 ESD 影响	

（续）

步　骤	操　作	附注／图示
3	通过沿着主板上的导轨推动现场总线适配器，将其安装到位 ⚠ 小心 小心推动，不损坏任何插针。确保将适配器垂直推送到导轨上 ⚠ 小心 手持现场总线适配器时请务必只接触边缘，以免损坏适配器或其元件	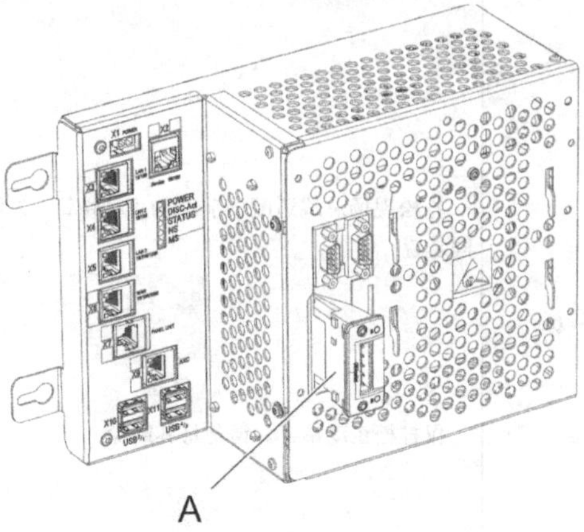 A—现场总线适配器
4	用连接螺钉（2 个）固定现场总线适配器	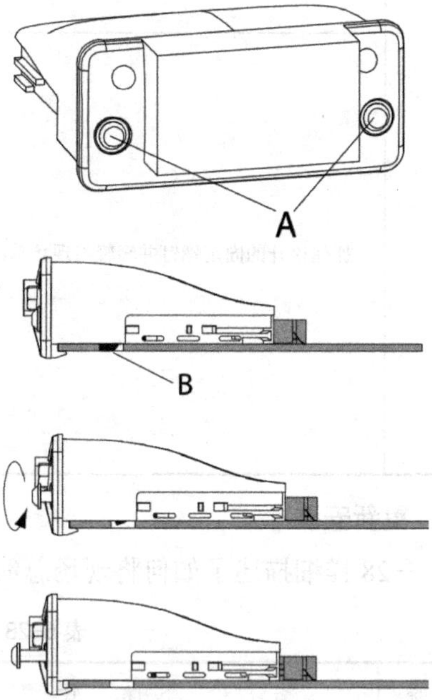 A—连接螺钉（2 个）　B—固定机构
5	重新安装计算机装置	
6	重新安装控制器盖	
7	重新将电缆连接到现场总线适配器	
8	确保对机器人系统进行了配置，以反映安装了现场总线适配器	
9	执行功能测试以确认安全功能工作正常	

维修项目8：更换计算机单元的风扇

1. 计算机风扇的位置

计算机风扇位于上盖下，如图 5-9 所示。

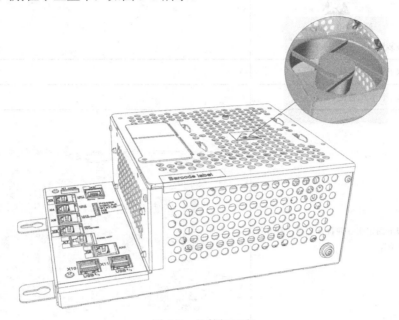

图 5-9 计算机风扇

2. 所需设备

设 备	注 释
风扇	
电缆带	
标准工具包	
电路图	

3. 卸除

表 5-29 详细说明了如何卸下计算机单元的风扇。

表 5-29 卸下计算机单元风扇的操作步骤

步 骤	操 作	附注／图示
1	⚠️ 危险 在机柜内进行任何作业之前，请先确保主电源已经关闭	

（续）

步 骤	操 作	附注／图示
2	 ![静电放电标志] 静电放电（ESD） 该装置易受 ESD 影响	
3	取下机柜的盖板	
4	卸下计算机装置	
5	卸下固定螺钉并拉开上盖，打开计算机单元	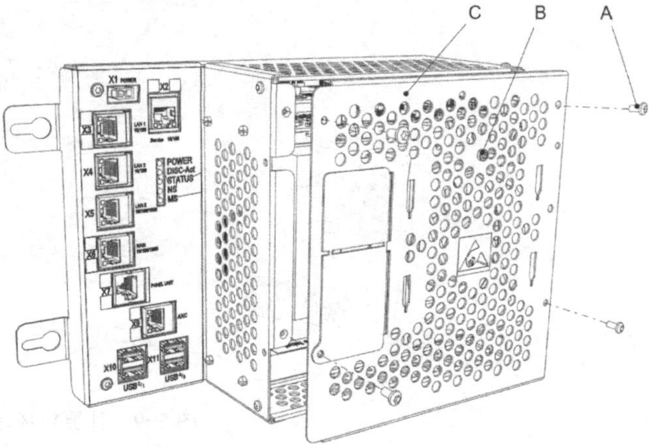 A—上盖固定螺钉（4 个） B—风扇固定螺钉 C—上盖
6	拔下风扇接头并取下电缆带	在打开和取下上盖时切勿拉紧风扇电缆
7	卸下风扇固定螺钉	
8	从上盖卸下风扇	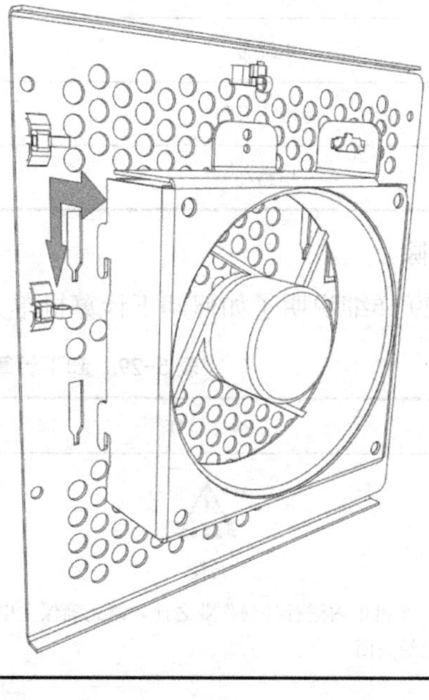

4. 重新安装

表 5-30 详细说明了如何将风扇重新装回计算机单元。

表 5-30　将风扇重新装回计算机单元

步　骤	操　　作	附注 / 图示
1	⚠️ 危险 在机柜内进行任何作业之前，请先确保主电源已经关闭	
2	静电放电（ESD） 该装置易受 ESD 影响	
3	重新将风扇装到上盖上	
4	重新装上固定螺钉	
5	将风扇电缆绑到上盖上	❗ 小心 绑束电缆时，确保电缆不被拉伸或挤压，并确保电缆不会被风扇钩到
6	重新安装计算机单元	
7	重新安装控制器盖	
8	重新装上风扇接头并关闭计算机单元	❗ 小心 在关闭上盖时切勿挤压风扇电缆

维修项目 9：更换计算机单元中的 SD 卡存储器

1. SD 卡存储器的位置

SD 卡存储器的位置和方向如图 5-10 所示。

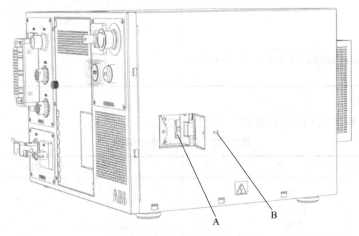

图 5-10　SD 卡存储器

A—SD 卡存储器　B—固定螺钉

2. 所需设备

设　　备	注　　释
SD 卡（2GB）	**注意** 请只使用 ABB 提供的 SD 卡存储器 包含 ABB boot application 软件，可用于正确重启机器人控制器
标准工具包	
电路图	

3. 卸除

要取下 SD 卡存储器，请按下列步骤操作（见表 5-31）：

表 5-31　取下 SD 卡存储器

步　骤	操　作	附注 / 图示
1	**危险** 在机柜内进行任何作业之前，请先确保主电源已经关闭	
2	**静电放电（ESD）** 该装置易受 ESD 影响	
3	卸下固定螺钉并打开控制器右侧的门	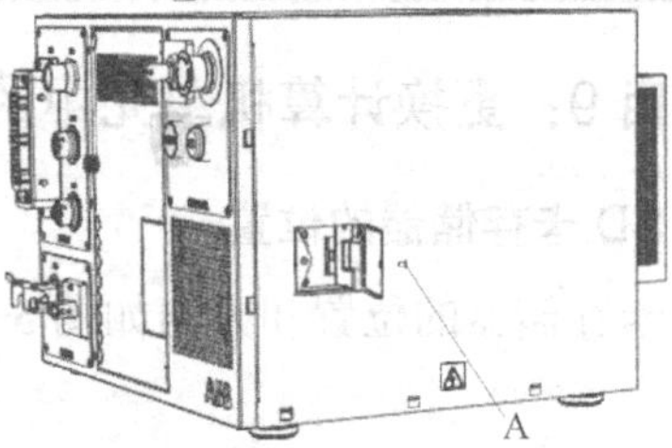 A—固定螺钉
4	用手指轻轻推动 SD 卡直到它"咔嗒"一声弹出，然后直接将其拉出	

4. 重新安装

请按下列步骤装回 SD 卡存储器（见表 5-32）：

表 5-32　装回 SD 卡存储器

步　骤	操　作	附注 / 图示
1	**危险** 在机柜内进行任何作业之前，请先确保主电源已经关闭	

（续）

步　骤	操　作	附注／图示
2	静电放电（ESD） 该装置易受 ESD 影响	
3	小心 在插入之前，确认 SD 卡存储器的方向正确，否则可能会损坏 SD 卡存储器或 SD 卡存储器槽	
4	用手指轻推 SD 卡存储器直到 SD 卡"咔嗒"一声卡住	

维修项目 10：更换主驱动单元

1. 主驱动单元的位置

图 5-11 显示了主驱动单元的位置。

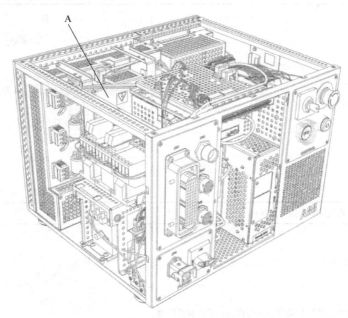

图 5-11　主驱动单元

2. 所需设备

设　备	注　释
主驱动单元	
标准工具包	
可能需要的其他工具和操作程序在操作中进行说明	

3. 卸除

使用以下步骤卸除主驱动单元（见表 5-33）：

表 5-33　卸除主驱动单元

步　骤	操　作	附注／图示
1	 ⚠️ 危险 在机柜内进行任何作业之前，请先确保主电源已经关闭	
2	取下机柜的盖板	
3	卸下主驱动单元顶部和左侧的连接器	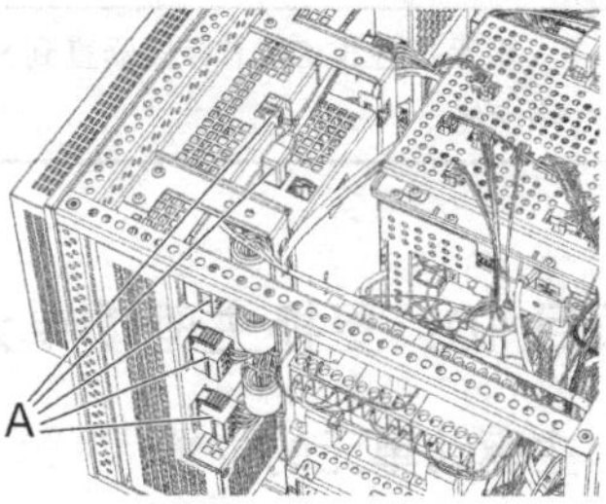 A—主驱动单元上的连接器
4	卸除控制器背后的六个止动螺钉	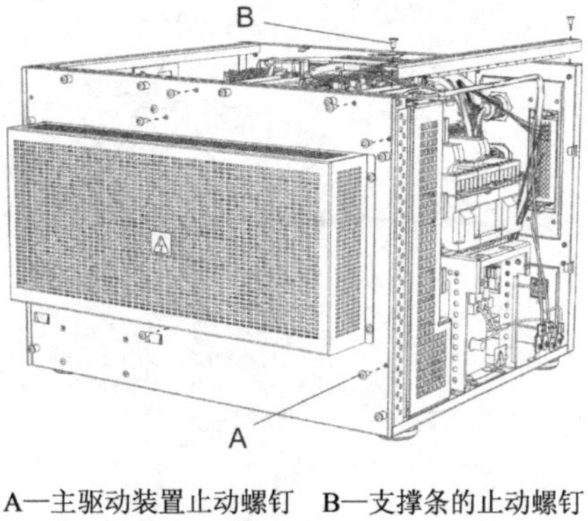 A—主驱动装置止动螺钉　B—支撑条的止动螺钉
5	拧下两个连接螺钉，拆下支撑杆	
6	将主驱动单元从控制器背后向前推出，露出背板的螺钉。然后将主驱动单元滑到一半位置	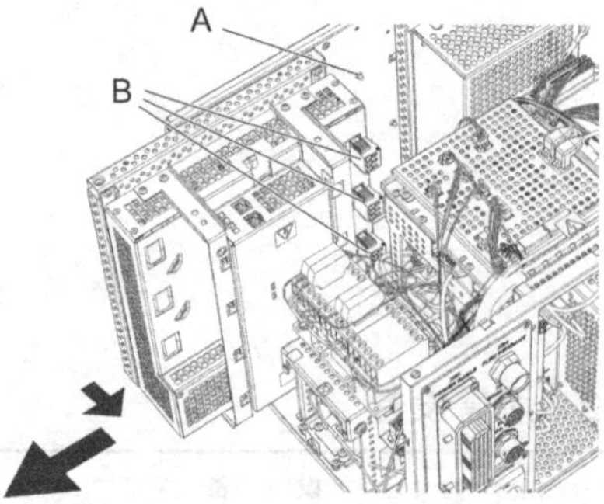 A—突出控制器背板外的螺钉　B—主驱动单元上的连接器
7	从主驱动单元右侧卸下连接器	
8	从控制器卸下主驱动单元	

（续）

步　骤	操　作	附注／图示
9	松开两个下方的连接螺钉，卸下两个上方的螺钉，一边从安装框架卸下驱动单元	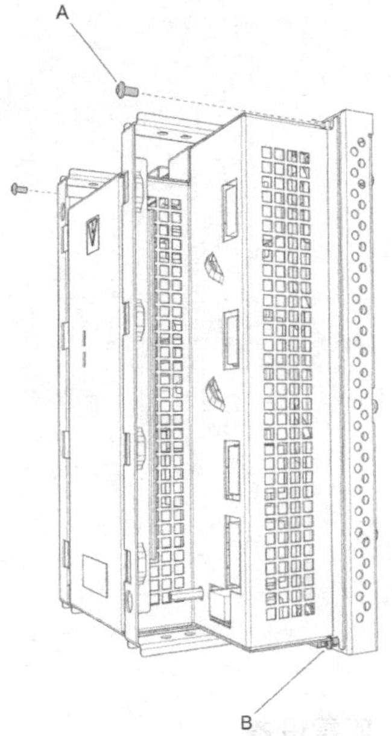 A—上方连接螺钉（2个）　B—下方连接螺钉（2个）

4. 重新安装

使用以下步骤重新安装主驱动装置（见表 5-34）：

表 5-34　安装主驱动装置

步　骤	操　作
1	 ⚠ 危险 在机柜内进行任何作业之前，请先确保主电源已经关闭
2	将该装置按预定位置和方向安装到安装框架上。用附带的止动螺钉将其固定
3	将主驱动单元滑入控制器一半
4	重新连接主驱动单元右侧的连接器
5	将主驱动单元装回到控制器，并用止动螺钉固定
6	用连接螺钉装回支撑杆
7	重新连接主驱动单元顶部和左侧的连接器
8	重新安装机柜盖
9	执行功能测试以确认安全功能工作正常

维修项目 11：更换轴计算机

1. 轴计算机的位置

轴计算机的位置如图 5-12 所示。

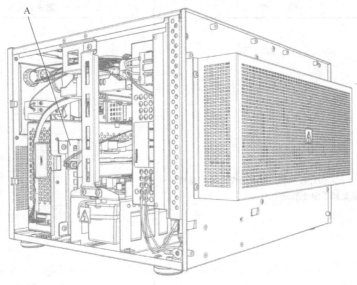

图 5-12　轴计算机单元

2. 所需设备

设　备	注　释
轴计算机	DSQC 668
标准工具包	
可能需要的其他工具和操作程序在操作中进行说明	

3. 卸除

使用以下步骤卸除轴计算机（见表 5-35）：

表 5-35　卸除轴计算机

步　骤	操　作	附注／图示
1	⚠️ 危险 在机柜内进行任何作业之前，请先确保主电源已经关闭	
2	⚠️ 静电放电（ESD） 该装置易受 ESD 影响	
3	取下机柜的盖板	
4	从轴计算机拔下所有的接头	ℹ️ 注意 对所有连接都进行记录

（续）

步　骤	操　　作	附注／图示
5	卸除连接螺钉	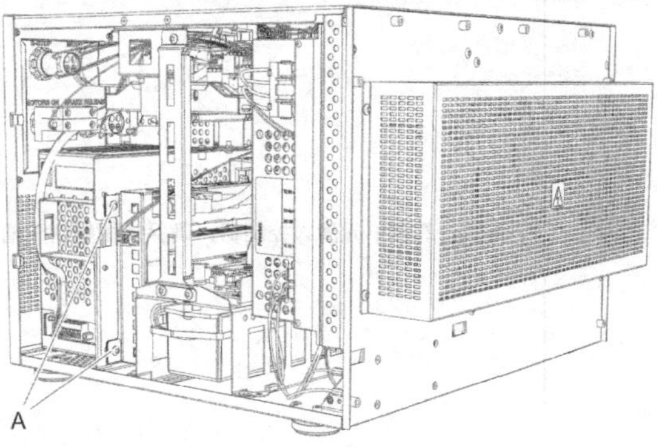 A—连接螺钉
6	将轴计算机单元滑出控制器	
7	卸除七颗止动螺钉并轻轻地垂直提升轴计算机	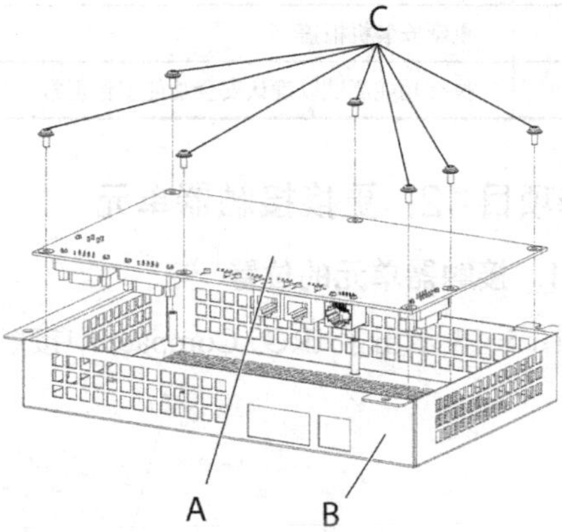 A—轴计算机板　B—轴计算机盖　C—止动螺钉

4. 重新安装

按照以下步骤重新安装轴计算机（见表 5-36）：

表 5-36　安装轴计算机

步　骤	操　　作	附注／图示
1	 ⚠️ 危险 在机柜内进行任何作业之前，请先确保主电源已经关闭	
2	 静电放电（ESD） 该装置易受 ESD 影响	
3	轻轻将轴计算机板安装到盖子上并装回止动螺钉	

（续）

步　骤	操　作	附注／图示
4	将轴计算机单元滑入控制器，确保锁扣扣住凹槽	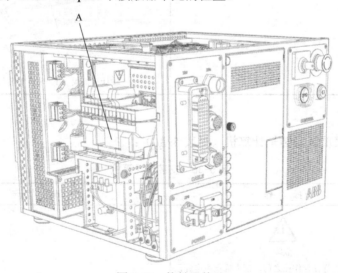 A—锁扣　B—凹进处
5	拧紧轴计算机单元止动螺钉	
6	重新连接所有连接器	
7	重新安装机柜盖	
8	执行功能测试以确认安全功能工作正常	

维修项目 12：更换接触器单元

1. 接触器单元的位置

图 5-13 示出了 IRC5 Compact 中接触器单元的位置。

图 5-13　接触器单元

2. 所需设备

设　备	注　释
接触器单元	接触器 ASL16-30-10 DC24V
电路图	

3. 卸除

以下步骤描述了卸除接触器单元的方法（见表5-37）：

表5-37　卸除接触器单元

步　骤	操　作	附注／图示
1	⚠️ **危险** 在机柜内进行任何作业之前，请先确保主电源已经关闭	
2	取下机柜的盖板	
3	从接触器单元拔下所有的线	对所有连接都进行记录
4	卸除两个连接螺钉	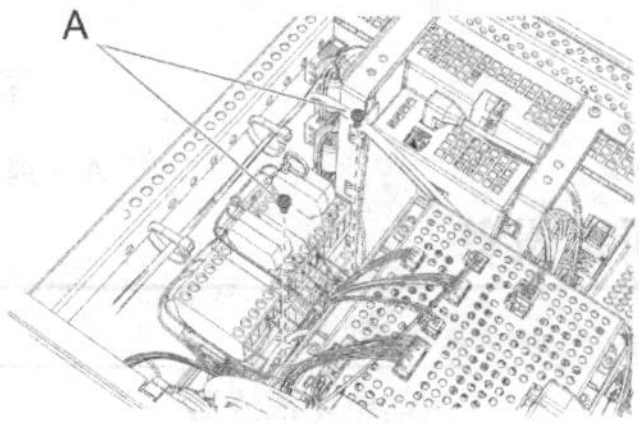 A—连接螺钉
5	卸下接触器单元，并更换所有故障部件	

4. 重新安装

以下步骤详细描述了如何重新安装接触器单元（见表5-38）：

表5-38　安装接触器单元

步　骤	操　作	附注／图示
1	⚠️ **危险** 在机柜内进行任何作业之前，请先确保主电源已经关闭	
2	装回接触器单元	
3	重新安装止动螺钉，然后将其拧紧	
4	重新连接所有线路	
5	重新安装机柜盖	
6	执行功能测试以确认安全功能工作正常	

维修项目13：更换制动电阻泄流器

1. 制动电阻泄流器的位置

图5-14显示了制动电阻泄流器的位置。

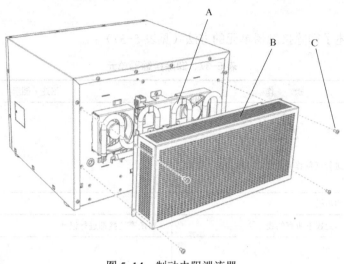

图 5-14　制动电阻泄流器

A—泄流器　B—风扇罩　C—连接螺钉

2. 所需设备

设　　备	注　　释
制动电阻泄流器	
标准工具包	

3. 卸除

按照以下步骤卸除制动电阻泄流器（见表 5-39）：

表 5-39　卸除制动电阻泄流器

步　　骤	操　　作	附注／图示
1	**⚠ 危险** 在机柜内进行任何作业之前，请先确保主电源已经关闭	
2	**① 小心** 泄流器顶部的热表面有烧伤危险。卸除装置时应小心谨慎	
3	移除风扇罩	
4	断开泄流器连接器的连接	A—泄流器连接器

（续）

步　骤	操　作	附注／图示
5	松开泄流器支架上两颗位于下部的止动螺钉	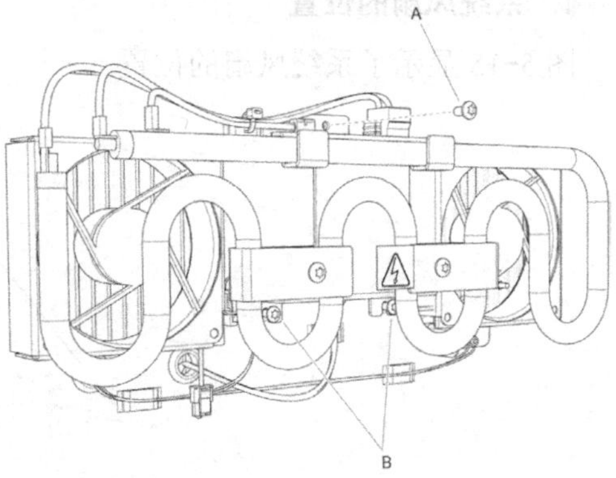 A—上部的止动螺钉　B—下部的止动螺钉
6	卸除上部的止动螺钉	
7	向上拉制动电阻泄流器，然后向外拉，将其从下部螺钉头下松开，然后将其卸除	

4. 重新安装

按照以下步骤重新安装制动电阻泄流器（见表 5-40）：

表 5-40　安装制动电阻泄流器

步　骤	操　作	附注／图示
1	⚠️ 危险 在机柜内进行任何作业之前，请先确保主电源已经关闭	
2	重新安装制动电阻泄流器，方法是在下部止动螺钉头下方滑动凹进处，然后依次向里推和向下推	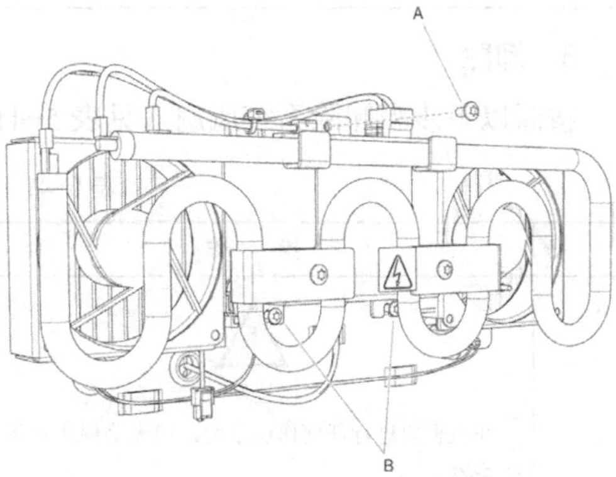 A—上部的止动螺钉　B—下部的止动螺钉
3	重新安装上部的止动螺钉	
4	拧紧泄流器的所有止动螺钉	
5	装回泄流器连接器	
6	装回风扇罩，然后将其向左推到凹槽内	
7	重新安装风扇罩上的止动螺钉，然后将其拧紧	
8	执行功能测试以确认安全功能工作正常	

维修项目 14：更换系统风扇

1. 系统风扇的位置

图 5-15 显示了系统风扇的位置。

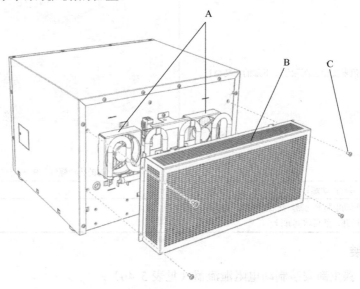

图 5-15　系统风扇位置

A—系统风扇　B—风扇罩　C—连接螺钉

2. 所需设备

设　　备	注　　释
带插座的风扇	
标准工具包	

3. 卸除

按照以下步骤卸除系统风扇（见表 5-41）：

表 5-41　卸除系统风扇

步　骤	操　作	附注／图示
1	⚠️ 危险 在机柜内进行任何作业之前，请先确保主电源已经关闭	
2	ⓘ 小心 泄流器顶部的热表面有烧伤危险。卸除装置时应小心谨慎	
3	卸除风扇罩上的四个连接螺钉	
4	将风扇罩推到左边，然后将其卸除	

（续）

步 骤	操 作	附注／图示
5	卸下制动电阻泄流器	
6	断开连接器与风扇的连接	
7	拧松风扇插座上的止动螺钉 如图所示推动风扇，将其松开并卸下	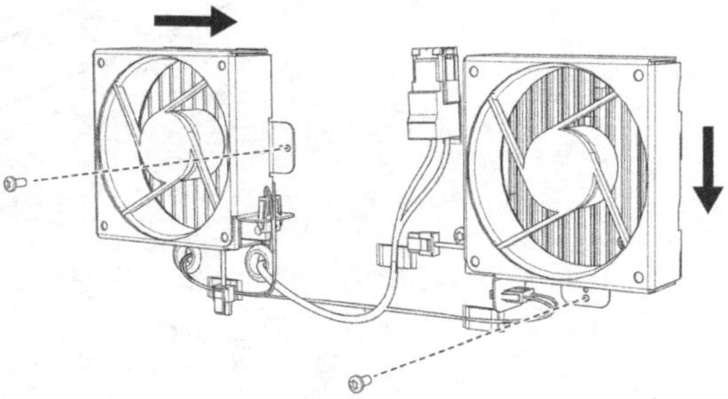

4. 重新安装

按照以下步骤重新安装系统风扇（见表 5-42）：

表 5-42 安装系统风扇

步 骤	操 作
1	 ⚠️ 危险 在机柜内进行任何作业之前，请先确保主电源已经关闭
2	将风扇放置到位，然后向上推
3	固定风扇插座上的止动螺钉
4	将连接器连接到风扇
5	装回并重新连接制动器电阻泄流器
6	将风扇罩放置到位，然后将其推到右边
7	固定风扇罩上的四个连接螺钉
8	执行功能测试以确认安全功能工作正常

维修项目 15：更换 Remote Service 箱

1. Remote Service 箱的位置

图 5-16 显示了 Remote Service 箱的位置。

2. 所需设备

设 备	注 释
Remote Service 箱	DSQC680
标准工具包	
电路图	

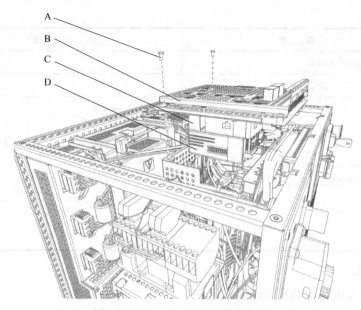

图 5-16   Remote Service 箱的位置

A—连接螺钉   B—安全台   C—以太网交换机   D—Remote Service 箱

3. 卸除

按照以下步骤卸除 Remote Service 箱（见表 5-43）：

表 5-43   卸除 Remote Service 箱

步　骤	操　作	附注／图示
1	⚠️ 危险 在机柜内进行任何作业之前，请先确保主电源已经关闭	
2	⚡ 静电放电（ESD） 该装置易受 ESD 影响	
3	在机柜正面，从 Remote Service 接触器断开所有连接器的连接 如果有以太网交换机，也请从上面断开连接	A—Remote Service 接触器　B—以太网交换机接触器
4	取下机柜的盖板	

108

（续）

步　骤	操　作	附注／图示
5	从安全板、Remote Service 箱与以太网交换机断开所有连接器的连接	
6	卸下两个止动螺钉，将安全板向后推以松开锁扣	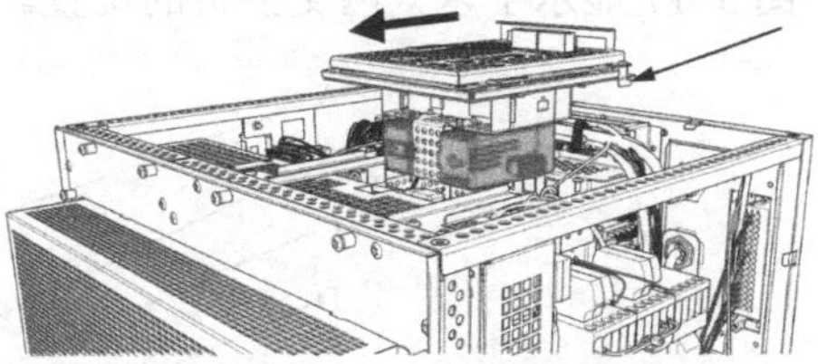
7	将滑锁（A）拉到左侧，然后将 Remote Service 箱推出	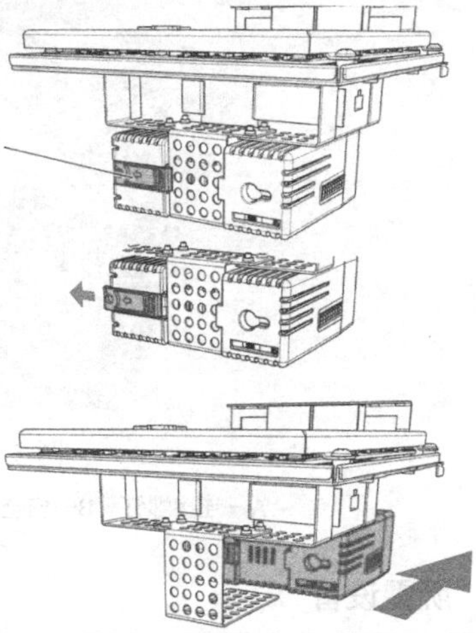 A—滑锁

4. 重新安装

按照以下步骤重新安装 Remote Service 箱（见表 5-44）：

表 5-44　安装 Remote Service 箱

步　骤	操　作
1	 危险 在机柜内进行任何作业之前，请先确保主电源已经关闭
2	 静电放电（ESD） 该装置易受 ESD 影响
3	安装板导轨上将 Remote Service 箱安装到位
4	装回安装导轨并用其连接螺钉固定
5	将安全板装回，并用其止动螺钉固定
6	将所有连接器接回 Remote Service 箱、以太网交换机和安全板
7	重新安装机柜盖

维修项目 16：更换以太网交换机

1. 以太网交换机的位置

图 5-17 显示了以太网交换机的位置。

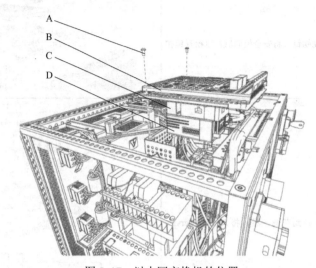

图 5-17　以太网交换机的位置

A—连接螺钉　B—安全板　C—以太网交换机　D—Remote Service 箱

2. 所需设备

设　　备	注　　释
以太网交换机	
标准工具包	
电路图	

3. 卸除

按照以下步骤卸除以太网交换机（见表 5-45）：

表 5-45　卸除以太网交换机

步　骤	操　作	附注／图示
1	⚠️ 危险 在机柜内进行任何作业之前，请先确保主电源已经关闭	
2	⚠️ 静电放电（ESD） 该装置易受 ESD 影响	

（续）

步 骤	操 作	附注/图示
3	在机柜正面，从以太网交换机接触器断开所有连接器的连接 如果有 Remote Service 箱，也请从上面断开连接	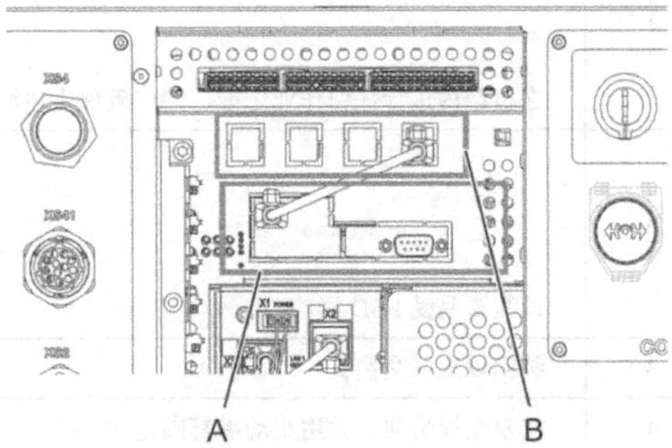 A—Remote Service 接触器　B—以太网交换机接触器
4	取下机柜的盖板	
5	从安全板、以太网交换机与 Remote Service 箱断开所有连接器的连接	
6	卸下两个止动螺钉，将安全板向后推以松开锁扣	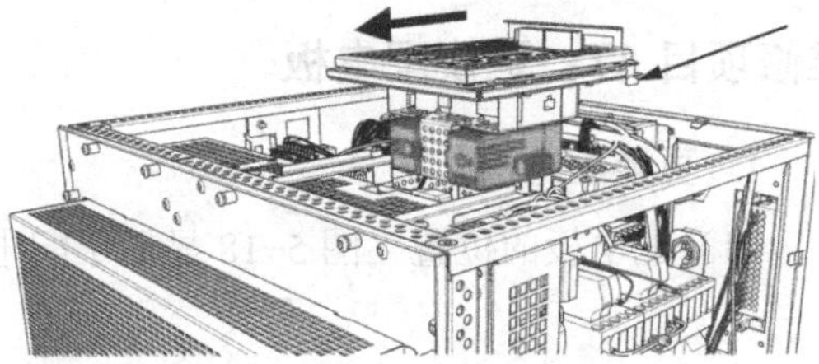
7	卸下止动螺钉并将安全板抬起	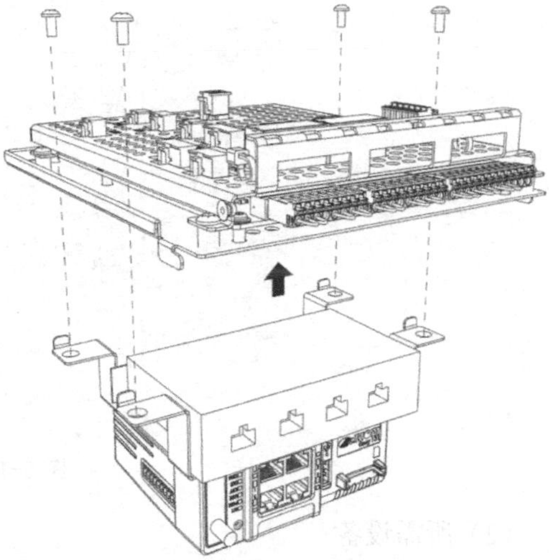
8	卸下以太网交换机	

4. 重新安装

按照以下步骤装回以太网交换机（见表 5-46）：

表 5-46　装回以太网交换机

步　骤	操　　作
1	⚠️ 危险 在机柜内进行任何作业之前，请先确保主电源已经关闭
2	 静电放电（ESD） 该装置易受 ESD 影响
3	装回以太网交换机
4	将安全板装回，并用止动螺钉固定
5	将安全板单元装回，并用止动螺钉固定
6	将所有连接器接回以太网交换机、Remote Service 箱和安全板
7	重新安装机柜盖
8	执行功能测试以确认安全功能工作正常

维修项目 17：更换配电板

1. 更换配电板

（1）配电板的位置　图 5-18 显示了配电板的位置。

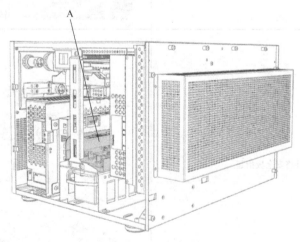

图 5-18　配电板

（2）所需设备

设　备	注　释
配电板	DSQC662
标准工具包	
电路图	

（3）卸除 按照以下步骤卸除配电板（见表 5-47）：

表 5-47 卸除配电板

步 骤	操 作	附注 / 图示
1	⚠️ 危险 在机柜内进行任何作业之前，请先确保主电源已经关闭	
2	⚠️ 小心 配电板装置顶部的热表面有烧伤危险。卸除装置时应小心谨慎，请勿在配电单元顶部走线或放置电缆	
3	取下机柜的盖板	
4	卸下三个固定螺钉并卸下支撑条	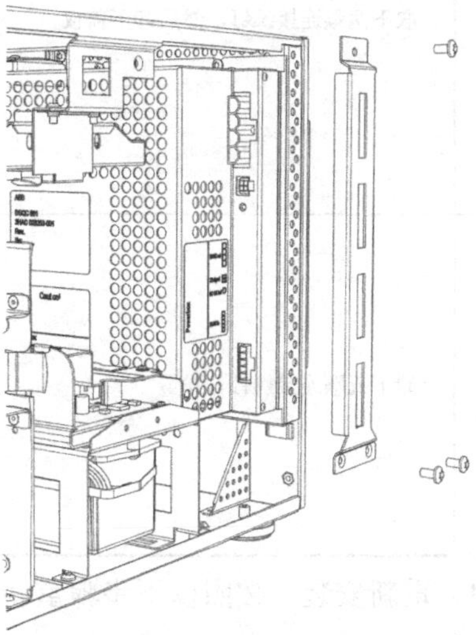
5	卸下两个固定螺钉，稍稍拉出备用能源组	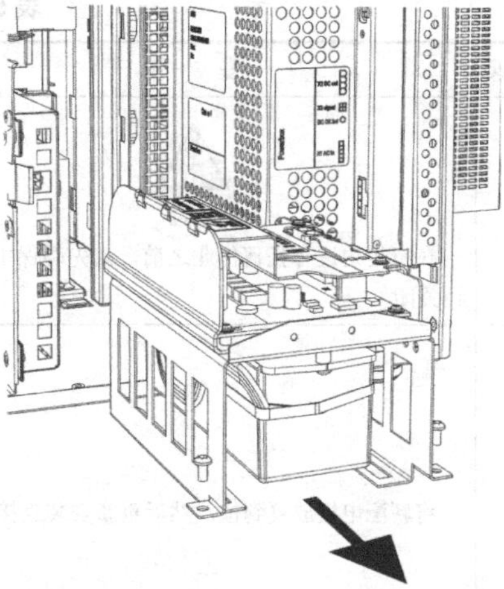
6	断开所有连接器与配电板的连接	
7	完全拉出备用能源组	

（续）

步　骤	操　作	附注／图示
8	卸下连接螺钉并将配电板抬出	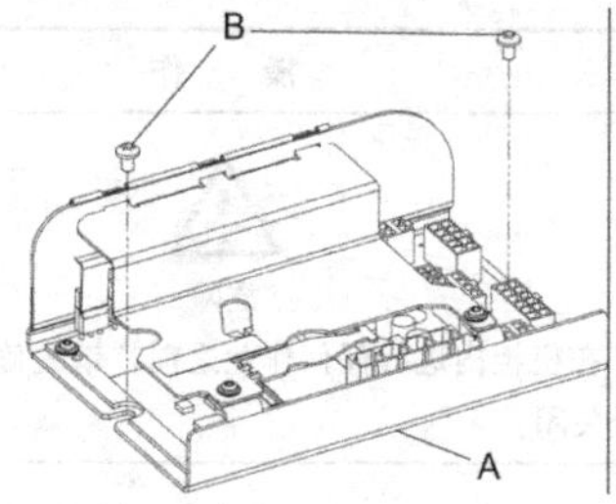 A—配电板　B—止动螺钉
9	取下两颗连接螺钉，然后卸下盖板	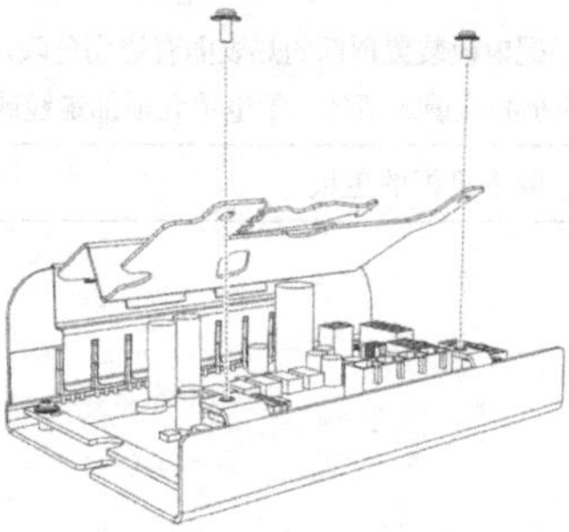
10	卸下五颗连接螺钉与弹簧	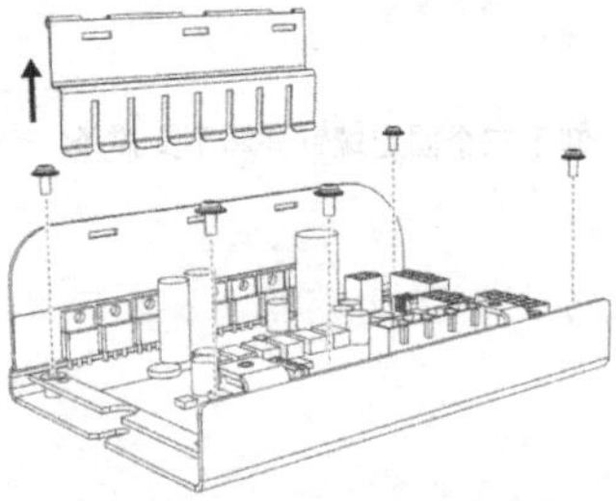

（4）重新安装　按照以下步骤重新安装配电板（见表 5-48）：

表 5-48　安装配电板

步　骤	操　作	附注／图示
1	 ⚠ 危险 在机柜内进行任何作业之前，请先确保主电源已经关闭	
2	将新配电板放置到位，然后重新安装连接螺钉	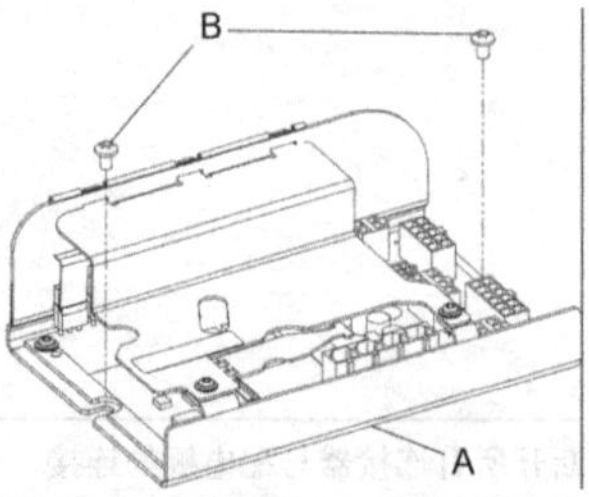 A—配电板　B—止动螺钉

114

（续）

步　　骤	操　　作	附注／图示
3	装回弹簧和盖板，用止动螺钉固定	
4	装回配电板并用其连接螺钉固定	
5	将备用能源组滑入到一半	
6	重新连接连接器 X1 ～ X9 ⚠ 小心 配电板装置顶部发热，请勿在配电板顶部输送或放置电缆	
7	重新安装备用能源组	
8	用三个止动螺钉装回支撑条	
9	重新安装机柜盖	
10	执行功能测试以确认安全功能工作正常	

2. 更换系统电源

（1）系统电源的位置　图 5-19 示出了系统电源的位置。

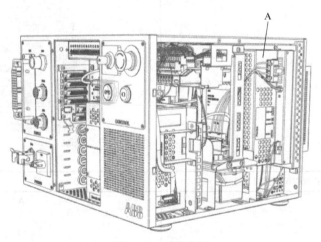

图 5-19　系统电源

（2）所需设备

设　　备	注　　释
系统电源	DSQC661
标准工具包	
可能需要的其他工具和操作程序在操作过程中进行说明	

（3）卸除　按照以下步骤卸除系统电源（见表 5-49）：

表 5-49 卸除系统电源

步　骤	操　　作	附注／图示
1	⚠️ 危险 在机柜内进行任何作业之前，请先确保主电源已经关闭	
2	取下机柜的盖板	
3	断开所有连接器与装置的连接	
4	如图所示卸下右侧边梁	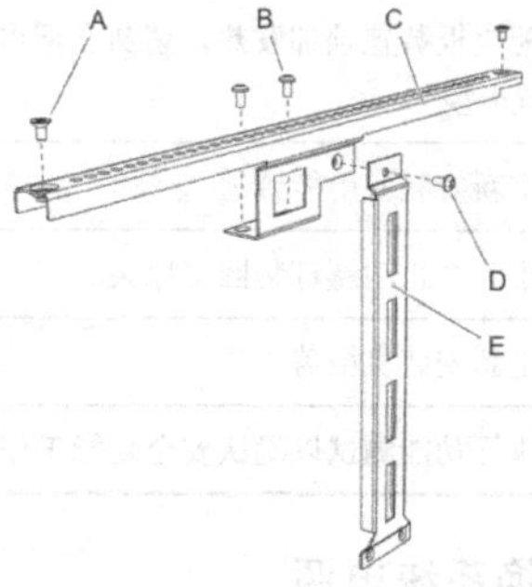 A—内六角沉头螺钉（2 个）　B—内六平圆头螺钉（2 个） C—梁　D—内六平圆头螺钉（支撑）　E—支撑
5	卸下控制器后的两颗连接螺钉，松开支撑支架	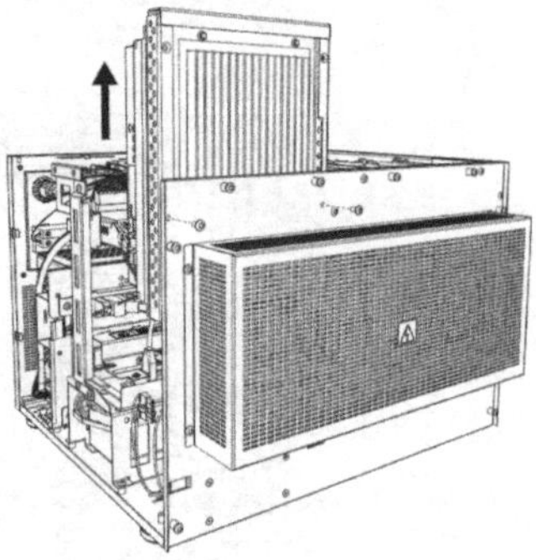
6	将支撑支架连同电源垂直向上拉	
7	拧松两个下部的连接螺钉	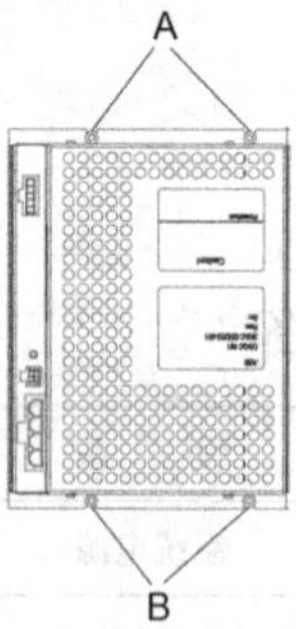 A—上部的止动螺钉　B—下部的止动螺钉
8	卸下两个上部的连接螺钉	
9	将电源装置向上拉起，使之从下方螺钉头松开，然后将其卸除	

（4）重新安装　按照表5-50所列步骤重新安装系统电源。

表5-50　安装系统电源

步　骤	操　　作	附注／图示
1	⚠️ 危险 在机柜内进行任何作业之前，请先确保主电源已经关闭	
2	使下部螺钉卡进凹槽	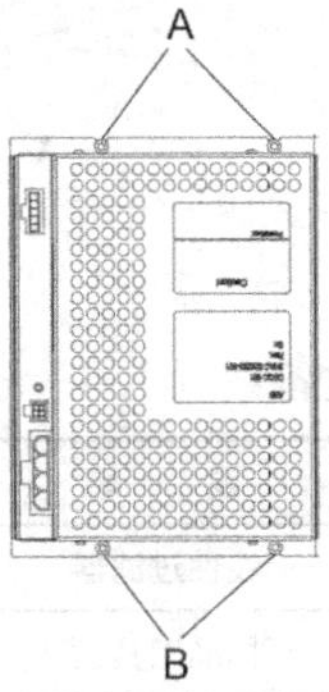 A—上部的止动螺钉　B—下部的止动螺钉
3	装回两个上部的连接螺钉	
4	拧紧止动螺钉（4个）	
5	将锁扣装入凹进处，将带支撑支架的系统电源装回	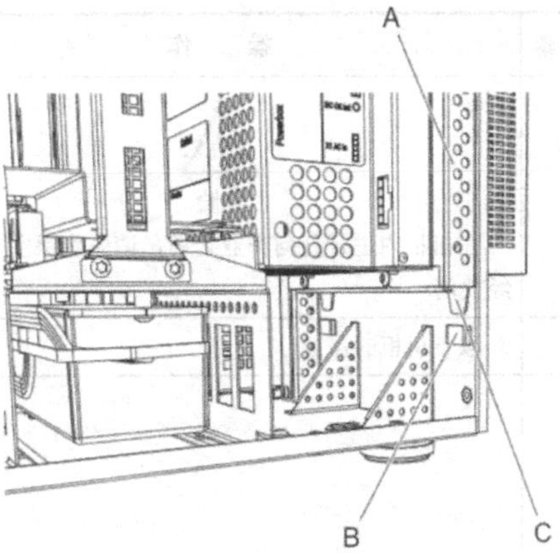 A—支撑支架　B—凹进处　C—锁扣
6	将连接螺钉装回控制器背后的支撑支架	
7	装回右侧边梁并用连接螺钉固定	
8	将所有连接器重新连接到装置	
9	重新安装机柜盖	
10	执行功能测试以确认安全功能工作正常	

3. 更换线性过滤器

（1）线性过滤器的位置　图5-20所示为线性过滤器的位置。

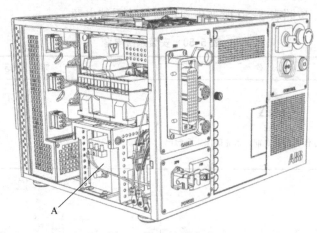

图 5-20　线性过滤器

（2）所需设备

设　　备	注　　释
线性过滤器	3HAC037698-001
标准工具包	
可能需要的其他工具和操作程序在操作过程中进行说明	

（3）卸除　按照表 5-51 所列步骤卸除线性过滤器。

表 5-51　卸除线性过滤器

步　　骤	操　　作	附注／图示
1	⚠️ 危险 在机柜内进行任何作业之前，请先确保主电源已经关闭	
2	取下机柜的盖板	
3	从系统电源断开连接器 X1	A—连接器 X1　B—接地连接
4	断开接地连接	
5	断开并卸下安全板单元以便能操作线性过滤器的次级侧	

（续）

步　骤	操　作	附注／图示
6	从线性过滤器次级侧的 L1′、L2′ 卸下电缆	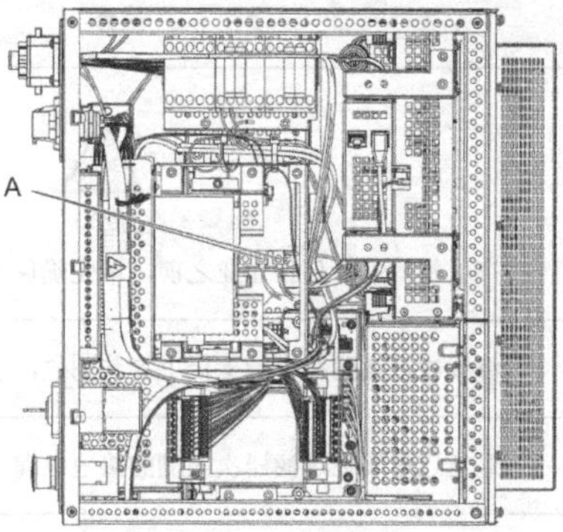 A—线性过滤器连接
7	卸下两个支撑支架止动螺钉并稍稍拉出线性滤波器	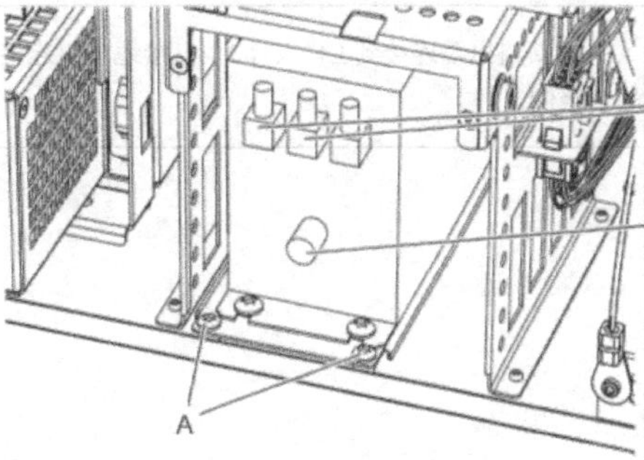 A—支撑支架的止动螺钉 B—L1 和 L2 连接 C—接地连接
8	从线性过滤器初级侧的 L1′、L2′ 卸下电缆	
9	将线性过滤器单元拉出	
10	从线性过滤器的次级侧的 L1′、L2′ 卸下接地电缆	
11	卸下线性过滤器的四个止动螺钉并将其从支撑支架卸下	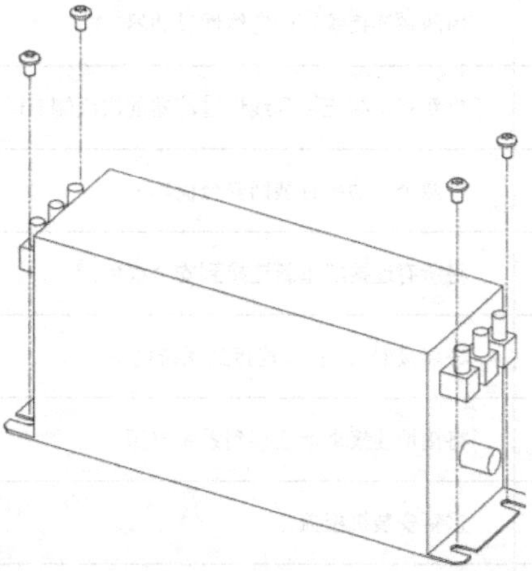

（4）重新安装　按表 5-52 所列的步骤重新安装线性过滤器。

表 5-52　重装线性过滤器操作步骤

步骤	操作	附注／图示
1	⚠️ 危险 在机柜内进行任何作业之前，请先确保主电源已经关闭	
2	将线性过滤器在支撑支架上安装到位，然后拧紧四颗连接螺钉	
3	重新连接线性过滤器次级侧的接地电缆	
4	将线性过滤器滑入控制器	
5	重新将电缆连接到 L1′、L2′，接地电缆连接到线性过滤器的初级侧	
6	将锁扣装入凹进处，装回线性过滤器单元	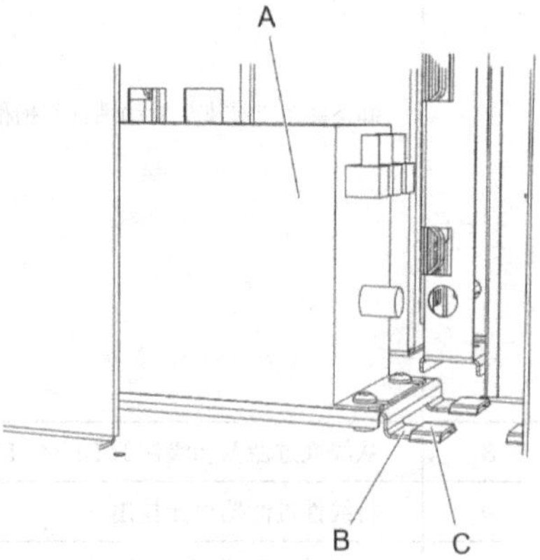 A—线性过滤器　B—锁扣　C—凹槽
7	用两颗连接螺钉固定线性过滤器	
8	重新将电缆连接到线性过滤器的次级侧 L1′、L2′	
9	用两个止动螺钉装回安全板单元	
10	将所有连接器重新连接到安全板单元	
11	将连接器 X1 重新连接到系统电源	
12	将接地连接重新连接到系统电源	
13	重新安装机柜盖	
14	执行功能测试以确认安全功能工作正常	

◆ 学习检测

自我学习评测表如下：

学 习 目 标	自 我 评 价			备　注
	掌　握	理　解	重　学	
掌握控制柜的周期维护工作				
掌握控制柜的正确维修步骤				

练习题

1. 请制订工业机器人紧凑型控制柜点检计划。
2. 简述检查电动机接触器 K42、K43 的操作步骤。
3. 简述更换 I/O 装置的注意事项及操作步骤。

项目六

工业机器人本体维护与维修

➲ 项目目标

- 学会制订工业机器人的维护计划
- 掌握关节型工业机器人 IRB 1200 的维护保养操作流程
- 掌握关节型工业机器人 IRB 1200 的维修更换操作流程

➲ 任务描述

通过本项目的学习，掌握 ABB 工业机器人维护计划的制订，以及机器人本体的维护维修操作。

任务 6-1　关节型机器人 IRB 1200 的本体维护

◆ 任务描述

以工业机器人 IRB 1200 本体为例，通过维护计划制订相应的日点检表及定期点检表，掌握 IRB 1200 本体基本维护操作，并填写点检表。

◆ 知识学习

1. 维护计划

设备点检是一种科学的设备管理方法。它是利用人的感官或简单的仪器工具，对设备进行定点、定期的检查，对照标准发现设备的异常现象和隐患，掌握设备故障的初期信息，以便及时采取对策，将故障消灭在萌芽阶段的一种管理方法。

因此，必须对工业机器人进行定期维护管理，确保其功能正常。除了在工业机器人日常的运行过程中必须及时注意任何损坏，不可预测情形下的异常也应进行检查。

表 6-1 是针对工业机器人 IRB 1200 制订的设备点检项目计划。根据表 6-1 制订 IRB 1200 日点检表（表 6-2）及定期点检表（表 6-3）。

表 6-1　IRB 1200 点检项目计划

序　号	维 护 活 动	设　　备	维 护 间 隔
1	清洁	完整机器人	定期[1]
2	检查	机器人	定期 对于 Clean Room 防护类型的机器人应每日检查
3	检查	机器人线缆[2]	定期[3]
4	检查	轴 1 机械止动销	定期[4]

（续）

序　号	维护活动	设　备	维护间隔
5	检查	轴2机械挡块	定期④
6	检查	轴3机械挡块	定期④
7	检查	轴4机械挡块	定期⑤
8	检查	信息标签	每12个月
9	检查	同步带	每36个月
10	更换	电池组⑥	36个月或电池低电量警告

① "定期"意味着要定期执行相关活动，但实际的间隔可以不遵守机器人制造商的规定。此间隔取决于机器人的操作周期、工作环境和运动模式。通常来说，环境的污染越严重，运动模式越苛刻（电缆线束弯曲越厉害），间隔就越短。

② 机器人线缆包含机器人与控制柜之间的布线。

③ 如果发现有损坏或裂缝，或即将达到寿命，应更换。

④ 如果机械挡块被撞到，应立即检查。

⑤ 如果机械挡块被撞到，应立即检查。要接触和检查机械挡块，需要根据更换轴4机械挡块的操作步骤拆卸机器人。

⑥ 电池的剩余后备容量（机器人电源关闭）不足2个月时，将显示低电量警告（38213 电池电量低）。通常，如果机器人电源每周关闭2天，则新电池的使用寿命为36个月；而如果机器人电源每天关闭16小时，则其使用寿命为18个月。对于较长时间的生产中断，通过电池关闭服务例行程序可延长使用寿命（大约3倍）。

表6-2　IRB 1200日点检表　　　　　____年____月

类别	编号	检查项目	要求标准	方法	1	2	3	4	5	6	7	8	9	10	11	12	13	14	15	16	17	18	19	20	21	22	23	24	25	26	27	28	29	30	31
日点检	1	机器人本体清洁，四周无杂物	无灰尘异物	擦拭																															
	2	保持通风良好	清洁无污染	测																															
	3	示教器屏幕显示是否正常	显示正常	看																															
	4	示教器控制器是否正常	正常控制机器人	试																															
	5	检查安全防护装置是否运作正常、急停按钮是否正常等	安全装置运作正常	测试																															
	6	气管、接头、气阀有无漏气	密封性完好，无漏气	听、看																															
	7	检查电动机运转声音是否异常	无异常声响	听																															
		确认人签字																																	

注：日点检要求每日开工前进行。设备点检、维护正常画"√"；使用异常画"△"；设备未运行画"/"。

表 6-3　IRB 1200 定期点检表　　　　　　　　　___年

类　别	编　号	检 查 项 目	1	2	3	4	5	6	7	8	9	10	11	12
定期①点检	1	清洁工业机器人												
	2	检查机器人线缆②												
	3	检查轴 1 机械限位③												
	4	检查轴 2 机械限位③												
	5	检查轴 3 机械限位③												
		确认人签字												
每 12 个月	6	检查信息标签												
		确认人签字												
每 36 个月	7	检查同步带												
		确认人签字												
	8	更换电池组④												
		确认人签字												

注：设备点检、维护正常画"√"；使用异常画"△"；设备未运行画"/"。

① "定期"意味着要定期执行相关活动，但实际的间隔可以不遵守机器人制造商的规定。此间隔取决于机器人的操作周期、工作环境和运动模式。通常来说，环境的污染越严重，运动模式越苛刻（电缆线束弯曲越厉害），检查间隔就越短。

② 机器人线缆包含机器人与控制柜之间的布线。如果发现有损坏或裂缝，或即将达到寿命，应更换。

③ 如果机械限位被撞到，应立即检查。

④ 电池的剩余后备电量（机器人电源关闭）不足 2 个月时，将显示电池低电量警告（38213 电池电量低）。通常，如果机器人电源每周关闭 2 天，则新电池的使用寿命为 36 个月；而如果机器人电源每天关闭 16 小时，则新电池的使用寿命为 18 个月。对于较长时间的生产中断，通过电池关闭服务例行程序可延长使用寿命（大约 3 倍）。

2. 注意事项

在进行任意一项维护操作前，应首先做好安全保护措施：

1）进入机器人工作区域之前，关闭连接到机器人的所有设备：机器人的电源、机器人的液压源、机器人的气压源。

2）易受 ESD 影响的装置，在进行作业之前，应先做好消除静电等防护措施。

3）清洁活动时，应按照规定使用清洁设备，任何其他清洁工具都可能对设备造成一定损害。

3. 维护项目

定期点检项目 1：清洁工业机器人 IRB 1200

为保证较长的正常运行时间，应务必定期清洁 IRB 1200。清洁的时间间隔取决于机器人工作的环境。根据 IRB 1200 的不同防护类型，采用不同的清洁方法。

（1）注意事项

清洁前：

1）清洁之前确认机器人的防护类型。

2）清洁前，务必先检查是否所有保护盖都已安装到机器人上！切勿卸下任何保护盖或其他保护设备！

清洁时：

1）切勿使用压缩空气清洁机器人！

2）切勿使用未获厂家批准的溶剂清洁机器人！

3）切勿将清洗水柱对准连接器、接点、密封件或垫圈。

4）喷射清洗液的距离切勿小于 0.4m。

（2）清洁方法　表 6-4 规定了不同防护类型的 ABB 工业机器人 IRB 1200 所允许的清洁方法。

表 6-4　IRB 1200 清洁方法

工业机器人防护类型	清 洁 方 法			
	真空吸尘器	用 布 擦 拭	用 水 冲 洗	高压水或蒸汽
IP40（标准版）	是	是。使用少量清洁剂	否	否
IP67（选件）	是	是。使用少量清洁剂	是。强烈推荐在水中加入防锈剂溶液，并且在清洁后对操纵器进行干燥	否
Clean Room	是	是。使用少量清洁剂、酒精或异丙醇	否	否

注：1. 用布擦拭：食品行业中高清洁等级的食品级润滑工业机器人在清洁后，确保没有液体流入机器人或滞留在缝隙或表面。

　　2. 用水清洁：防护等级 IP67（选件）的 IRB 1200 可以用水冲洗（水清洗器）清洁。需满足以下前提：①喷嘴处的最大水压：$7×10^5$Pa（7bar，标准的水龙头水压和水流）；②应使用扇形喷嘴，最小散布角度 45°；③从喷嘴到封装的最小距离为 0.4m。

（3）清洁电缆位置　可移动电缆应能自由移动。

1）如果沙、灰和碎屑等废弃物妨碍电缆移动，应将其清除。

2）如果电缆有硬皮（例如干性脱模剂硬皮），应进行清洁。

定期点检项目 2：检查机器人线缆

机器人线缆包含机器人与控制柜之间的布线。根据以下操作步骤检查工业机器人线缆：

1）目测检查机器人与控制柜之间的控制线缆，查找是否有磨损、切割或挤压损坏。

2）如果检测到磨损或损坏，则更换线缆。

定期点检项目 3 ～ 5：检查机械限位

（1）机械限位的位置　图 6-1 中显示了轴 1、2 和 3 上的机械限位的位置。

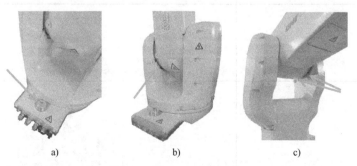

a)　　　　　　　　　　b)　　　　　　　　　　c)

图 6-1　轴 1 ～ 3 机械限位

a）轴 1 机械限位　b）轴 2 机械限位　c）轴 3 机械限位

（2）检查机械限位的步骤　根据以下操作步骤检查轴 1、2 和 3 上的机械限位：

1）检查机械限位。

2）当机械限位出现下列情况时，则进行更换：①弯曲；②松动；③损坏。

注意：操作时，应避免齿轮箱与机械停止装置发生碰撞，否则可能会导致其预期使用寿命缩短。

定期点检项目 6：检查信息标签

（1）标签位置　各种信息标签的位置如图 6-2 所示，标签的含义见表 6-5。

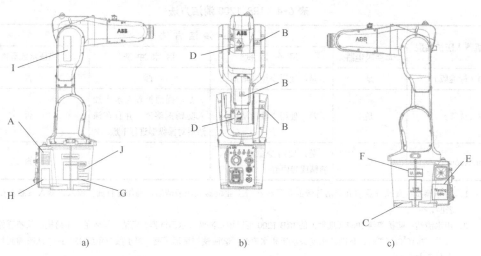

a)　　　　　　　　　b)　　　　　　　　　c)

图 6-2　各种信息标签的位置

表 6-5　标签的含义

标　号	说　明	图　示
A	校准标签	
B	警告标签：有电	
C	说明标签：机器人抬升	

（续）

标　号	说　明	图　示
D	警告标签：高温	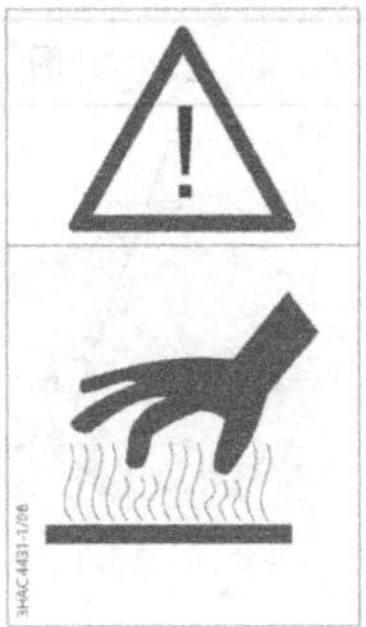 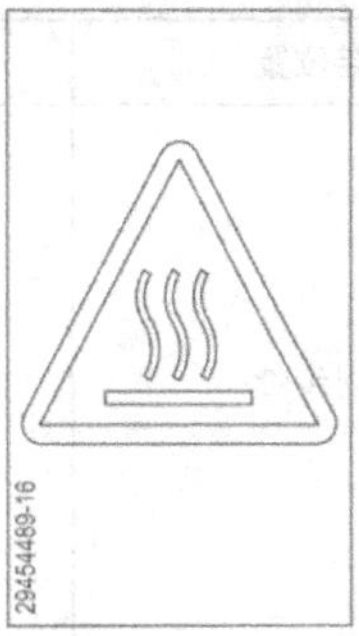
E	警告标签：释放制动器时，小心机器人周边	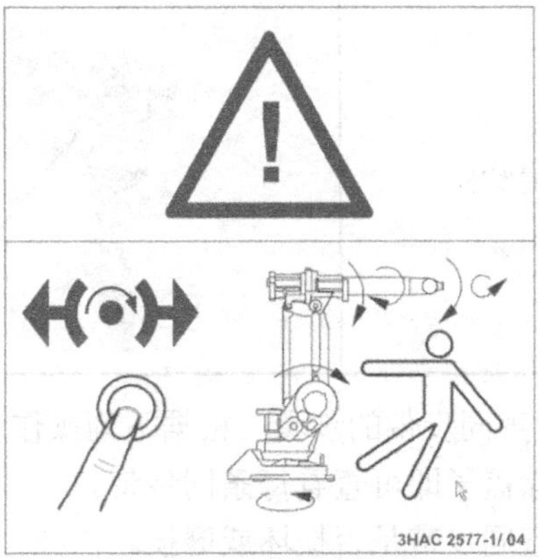
F	UL 标签	
G	额定值标签	
H	警告标签：机器人有倾翻风险	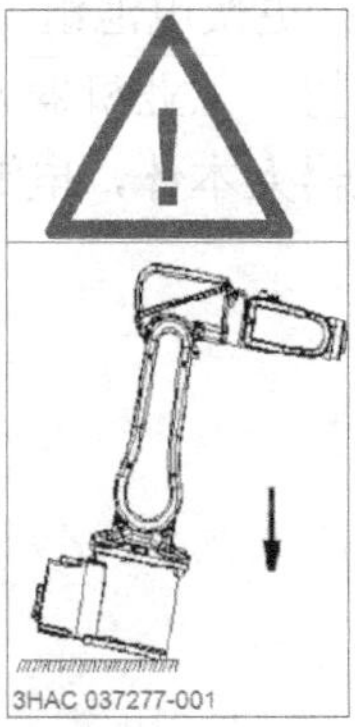
I	Clean Room 标签	Clean Room
J	Foundry Plus 标签	FOUNDRY PLUS 2

（2）检查标签信息的步骤　根据下面操作步骤检查标签信息：

1）检查位于图 6-2 所示位置的标签。

2）更换所有丢失或受损的标签。

定期点检项目 7：检查同步带

（1）同步带的位置及张力　表 6-6 中说明了同步带的位置及张力。

表 6-6　同步带的位置及张力

同步带位置	图　示	同步带张力
轴 4 同步带		F=30N
轴 5 同步带		F=26N

（2）检查同步带的步骤　根据下列操作步骤检查同步带：

1）卸除盖子即可查看每条同步带。

2）检查同步带是否损坏或磨损。

3）检查同步带轮是否损坏。如果检测到任何损坏或磨损，则必须更换该部件。

4）检查每条同步带的张力，见表 6-6。如果同步带张力不正确，应进行调整。

定期点检项目 8：更换电池组

（1）电池组的位置　工业机器人 IRB 1200 电池组的位置在轴 2 机械臂的内部，如图 6-3 所示。不同型号的机器人本体，电池位置有所不同，需查看对应的产品手册。

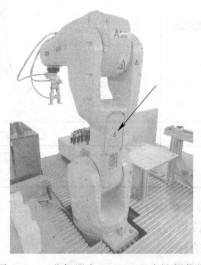

图 6-3　工业机器人 IRB 1200 电池组位置

（2）卸下电池组　根据表 6-7 操作步骤卸下电池组。

表 6-7　卸下电池组操作步骤

步　　骤	操　作　说　明	注释 / 图示
	拆卸电池组前的准备工作	
1	将机器人调至其零位	完成此步骤的目的是为了更换电池后便于进行更新转数计数器操作
	卸下电池组	
1	在拆卸 Clean Room 机器人的零部件时，应始终使用小刀切割漆层并打磨漆层毛边	
2	卸下下臂连接器盖的连接螺钉并小心地打开盖子 操作时，注意盖子上还连着线缆	
3	断开电池线缆	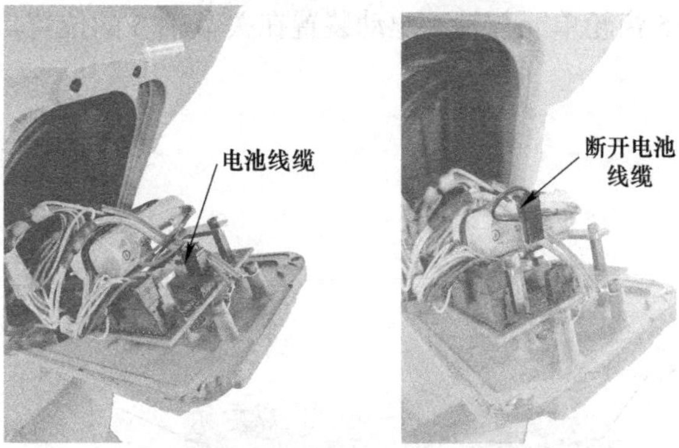 电池线缆　　断开电池线缆 a）电池线缆连接示意图　　b）电池线缆断开示意图
4	割断固定电池的线缆捆扎带并从 EIB 单元取出电池 电池包含保护电路，应只使用规定的备件或 ABB 认可的同等质量的备件进行更换	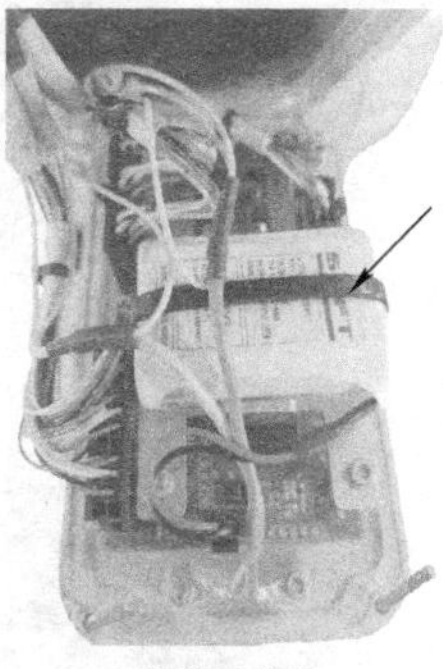 线缆捆扎带

（3）重新安装电池组　重新安装电池组操作步骤：

1）安装电池并用线缆捆扎带固定。

2）连接电池线缆。

3）用连接螺钉将 EIB 盖装回到下臂。

4）更新转数计数器。更新转数计数器操作步骤可参考重庆大学出版社《ABB 工业机器人实操与应用》一书。

任务 6-2 关节型机器人 IRB 1200 的本体维修

◆ 任务描述

以工业机器人 IRB 1200 为例，认识机器人本体内部构造，通过维修项目的操作步骤描述了解基本维修流程，掌握基本维修知识。

◆ 知识学习

1. 本体内部结构

机器人本体内部主要有关节轴驱动装置、电缆线束。

轴 1 齿轮单元和轴 1 电动机位于底座内部。轴 2 驱动装置与轴 3 驱动装置位置如图 6-4 所示，驱动装置包括齿轮箱、电动机与电动机适配器。轴 4 齿轮箱位置如图 6-4 所示，该齿轮箱包括驱动轴和带轮。轴 4 电动机与同步带如图 6-5 所示。轴 5 电动机位置如图 6-6 所示。轴 5 齿轮单元与轴 6 驱动装置在关节轴 5 的位置，如图 6-7 所示。

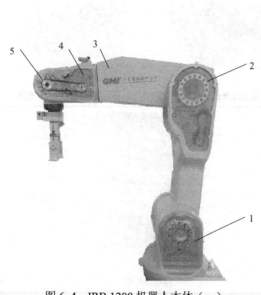

图 6-4 IRB 1200 机器人本体（一）

1—轴 2 驱动装置位置 2—轴 3 驱动装置位置

3—轴 4 齿轮箱位置 4—轴 5 电动机位置 5—轴 5 同步带

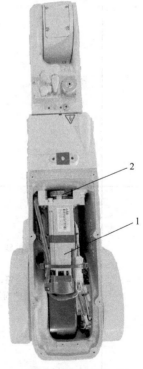

图 6-5 IRB 1200 机器人本体（二）

1—轴 4 电动机 2—轴 4 同步带

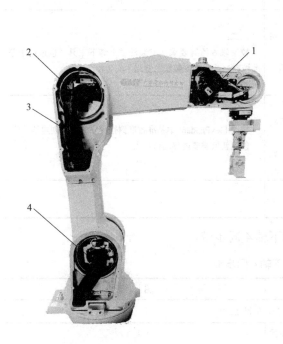

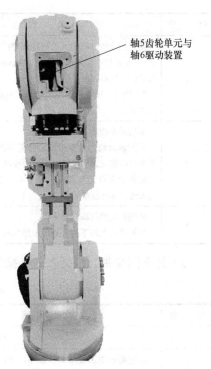

轴5齿轮单元与
轴6驱动装置

图 6-6　IRB 1200 机器人本体（三）　　　图 6-7　IRB 1200 机器人本体（四）

1—轴 5 电动机　2—轴 3 电动机　3—电缆线束　4—轴 2 电动机

2. 维修操作

维修操作前，需参见任务 6-1 中的"2. 注意事项"。更换部件后，在首次试运行时，应注意安全。

对于 Clean Room 的机器人，在拆卸机器人的零部件时，请务必使用刀具切割漆层并打磨漆层毛边，完成所有维修工作后，需用蘸有酒精的无绒布擦掉机器人上的颗粒物。

（1）更换轴 1 机械挡块　轴 1 ~ 3 机械挡块位置参见图 6-1。

更换前，除了标准工具包，还需要对应轴的机械停止套件（包括机械停止销、垫片和螺钉 M8×25）。更换操作步骤如下：

1）更换前，操作机器人到最方便接触机械挡块的位置。

2）拧下螺钉，拆下机械挡块。

3）丢弃旧螺钉和垫片。

4）装上新的机械挡块，并用附带的螺钉和垫片固定好。拧紧力矩为 12N·m。

（2）更换轴 2、轴 3 机械挡块　更换步骤参见更换轴 1 机械挡块的操作方法。轴 2、轴 3 机械停止套装包括机械停止销和螺钉（M5×16），拧紧力矩为 4N·m。

（3）更换轴 4 同步带

1）轴 4 同步带位置。轴 4 同步带位置可参考表 6-6。

2）决定校准例行程序。根据表 6-8 中的信息决定采用哪个校准例行程序。按照所选的例行程序，在开始机器人维修前进行可能需要的操作。

表 6-8　校准例行程序

序　号	操　作	注　释
1	决定用于校准机器人的例行程序： 1）基准校准。外部电缆包（DressPack）和工具可以保留在机器人上 2）微校。所有外部电缆包和工具都必须从机器人上卸下	注意： 校准轴 6 始终要求从安装法兰上卸下工具（也适用于基准校准），因为安装法兰要用于安装校准工具
2	采用基准校准来校准机器人： 　找到轴此前的基准值或创建新基准值。这些值将在维修步骤完成后用于机器人的校准 　如果此前并无基准值，且无法创建新基准值，则无法进行基准校准	按照 FlexPendant 中基准校准例行程序的说明创建基准值 创建新值需要能移动机器人
3	采用微校来校准机器人： 　从机器人上卸下所有外部电缆包和工具	

3）卸下同步带。根据表 6-9 操作步骤卸下轴 4 同步带。

表 6-9　卸下轴 4 同步带

步　骤	操 作 说 明	图　示
	拆卸轴 4 同步带前的准备工作	
1	决定要使用的校准例行程序，并在开始维修步骤前执行相应操作	
2	机器人各关节轴回机械零位	
3	卸除下臂线缆外壳盖	
4	卸除管轴线缆外壳盖	

（续）

步　骤	操 作 说 明	图　　示
5	断开通气软管的连接	
	断开轴 4 电动机连接器	
1	卸下上臂外壳的盖子	
2	切掉固定连接器的捆扎带	
3	断开电动机连接器的连接 💡 提示 断开连接器和线缆前，先拍下其位置照片，以便在装回时可以有参考	

（续）

步　骤	操 作 说 明	图　示
	断开轴 4 电动机	
1	松开两个连接螺钉并将电动机向下移动，以便让同步带松开	
2	卸下电动机螺钉和垫片，并小心地将电动机连带轮一起提出	
3	从电动机的带轮上卸下同步带	
	断开通气软管	
1	卸下螺钉，将塑料护板卸下	
2	将通气软管拉入外壳，从外壳延长器单元拉出	.
	卸下轴 4 同步带	
1	务必用小刀削除涂料，并打磨涂料边缘。 卸下轴 4 同步带	

　　4）装回同步带。根据表 6-10 操作步骤装回轴 4 同步带。

表 6-10　装回轴 4 同步带

步　骤	操 作 说 明	图　　示
装回轴 4 同步带和通气软管		
1	将同步带放在齿轮带轮上，并将通气软管绕在同步带上	
2	将通气软管装入并穿过外壳延长器单元	
3	用螺钉装回塑料护板	
安装轴 4 电动机		
1	检查： 1）所有装配面是否均清洁无损坏 2）电动机是否清洁无损坏	
2	将同步带装回带轮	
3	将电动机放置在其安装位置，并用连接螺钉和垫片稍微固定，使得电动机仍能活动 将带连接器的机器人按图 a 所示方向放置在移动电动机时，确认轴 4 电动机的顶面与外壳的安装法兰表面平行（见图 b）	 a） b）

（续）

步　骤	操 作 说 明	图　示
4	将同步带安装到带轮上，并确认同步带在带轮的槽上运转正确	
5	移动电动机达到正确的同步带张力 $F=30N$	
6	用连接螺钉固定电动机，拧紧力矩为 6N·m	
连接轴 4 电动机连接器		
1	重新连接电动机连接器	
2	用线缆捆扎带将连接器固定到电动机上	参见断开电动机连接器前的示意图
连接通气软管		
1	重新连接通气软管	
2	如果配备了 CP/CS 连接器，请重新连接	
3	如有必要，可安装 CP/CS 连接器的保护支架	

（续）

步　骤	操 作 说 明	图　　示
装回管轴线缆外壳盖		
1	检查管轴线缆外壳盖垫圈。如有损坏，将其更换	
2	将盖子装回线缆外壳，螺钉拧紧力矩为1.5N•m	
装回上臂外壳		
1	检查盖垫圈。如有损坏，将其更换	
2	用螺钉重新装回上臂外壳，螺钉拧紧力矩为1.5N•m	

（续）

步　骤	操 作 说 明	图　示
3	对于防护类型为 Clean Room 的机器人，应在上臂外盖的接合处上涂敷一条密封胶 Sikaflex521FC 用指尖抹平密封胶。用洗涤剂洗干净指尖确保接合处平滑 如有必要，可增加密封胶用量以全面覆盖接缝	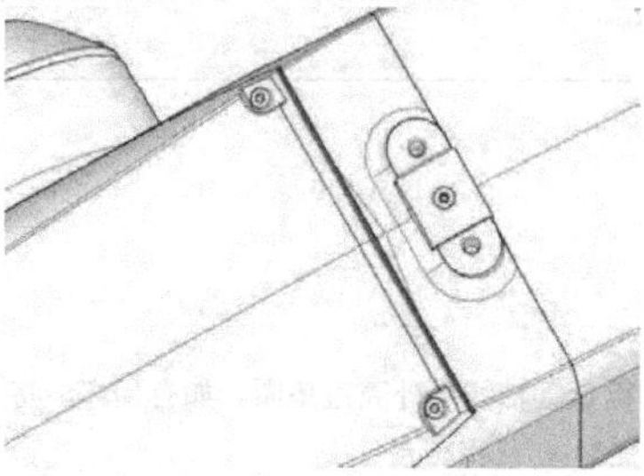
4	对于防护等级为 IP67 或者防护类型为 Foundry Plus 的机器人，检查线缆外壳盖的垫圈。如有损坏，将其更换	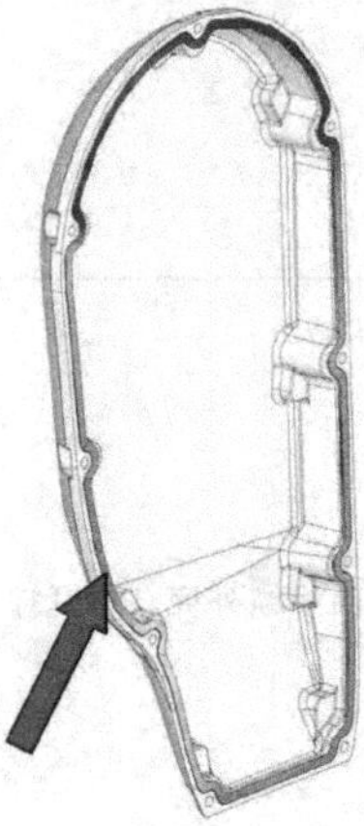
5	检查线缆外壳盖上的 PTFE 膜。如有损坏，将其更换	
6	在线缆外壳盖的内表面和 PTFE 膜上涂上润滑脂	
7	装回线缆外壳盖，螺钉拧紧力矩为 1.5N·m	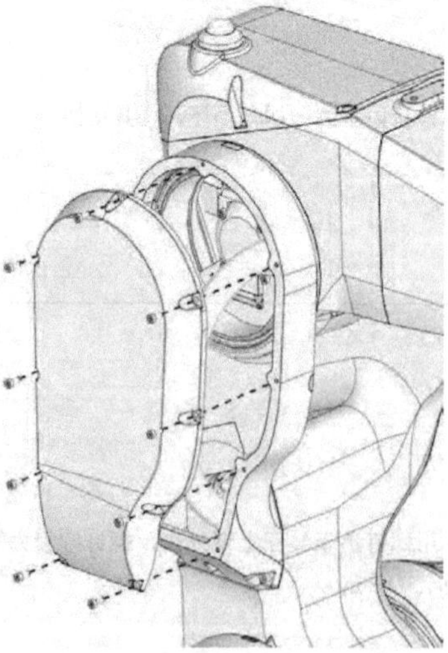
8	重新校准机器人	

（4）更换轴 5 同步带

1）轴 5 同步带位置。轴 5 同步带位置可参考表 6-6。

2）卸下同步带。根据表 6-11 操作步骤卸下轴 5 同步带。

表 6-11　卸下轴 5 同步带

步　骤	操 作 说 明	图　示
	拆卸轴 5 同步带前的准备工作	
1	决定要使用的校准例行程序，并在开始维修前执行相应操作	
2	机器人各关节轴回机械零位	
3	卸左侧肘节盖	
	卸下轴 5 同步带	
1	松开螺钉以便电动机能移动	
2	卸下同步带	

3）装回同步带。根据表 6-12 操作步骤装回轴 5 同步带。

表 6-12　装回轴 5 同步带

步　骤	操 作 说 明	图　　示
	装回轴 5 同步带和通气软管	
1	将同步带装回带轮	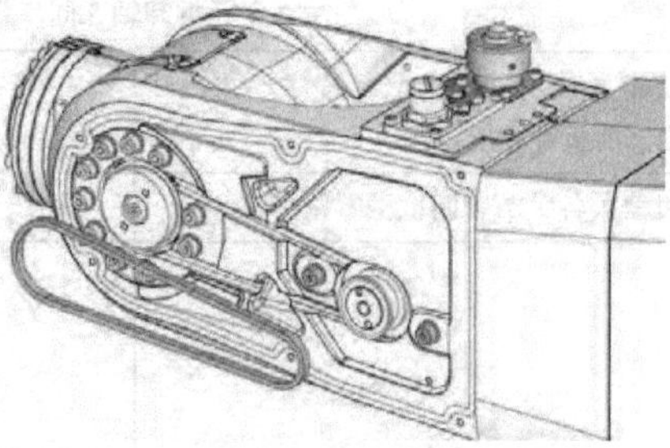
2	移动电动机达到正确的同步带张力 F=26N	
3	用连接螺钉固定电动机，拧紧力矩为 3.5N·m	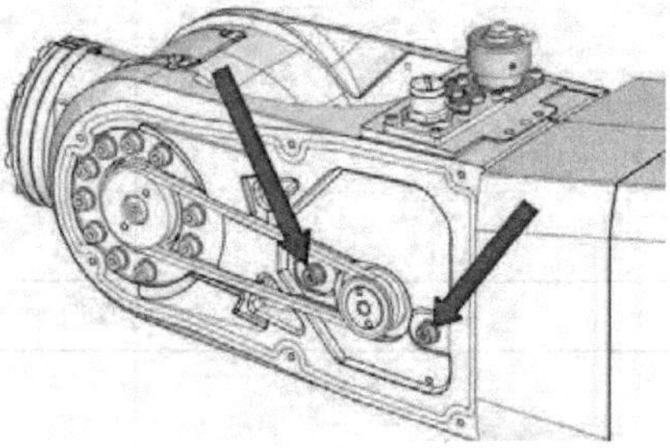
	装回左侧肘节盖	
1	检查肘节盖垫圈。如有损坏，将其更换	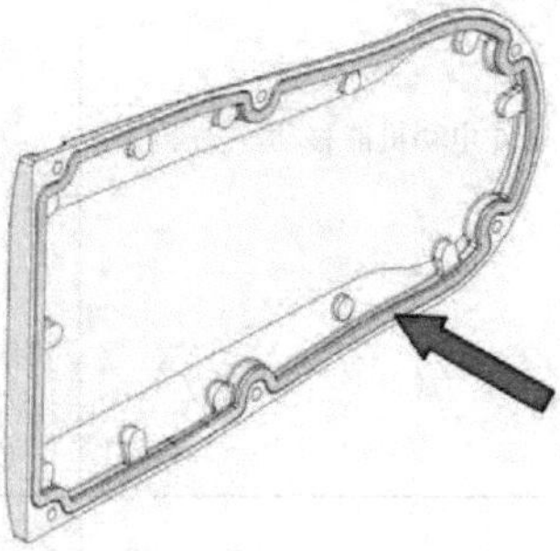
2	装回肘节盖	对于防护等级为 IP67 或者防护类型为 Foundry Plus 的机器人，给两个前部螺钉（图中圈出）涂上锁定液 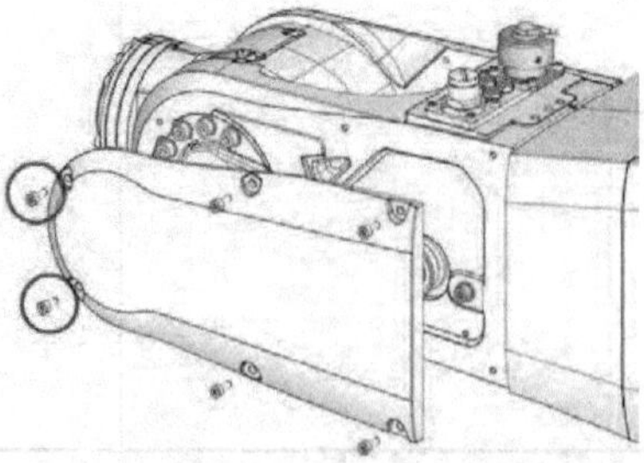
3	重新校准机器人	

任务 6-3　关节型机器人 IRB 1200 的本体电路图

◆ **任务描述**

工业机器人本体电路图主要描述工业机器人本体内伺服电动机、位置反馈以及 I/O 通信的连接情况。以工业机器人 IRB 1200 本体为例，分析本体电路图。

◆ **知识学习**

1. 电气元件端子

1）图 6-8 标识的是 IRB 1200 工业机器人本体里电气元件端子的具体安装位置。

2）电气元件端子有对应的唯一编号，方便在查看电路图时快速定位电气元件的具体位置。

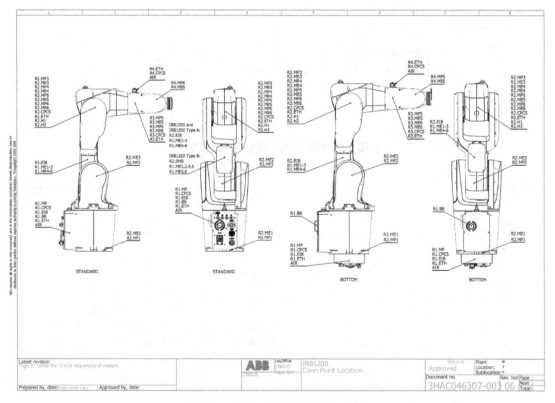

图 6-8　电气元件端子的安装位置

2. EIB 电池组

图 6-9 为 EIB 模块与底座的电线连接图。EIB 模块主要用于收集 6 个关节轴编码器的位置信息，并在工业机器人断电后继续供电，用于保存工业机器人本体的位置数据。

3. 用户电缆接头

图 6-10 为工业机器人在轴 4 上的用户电缆接头到机器人底座的接线图。

IRB1200 and IRB1200 Type A

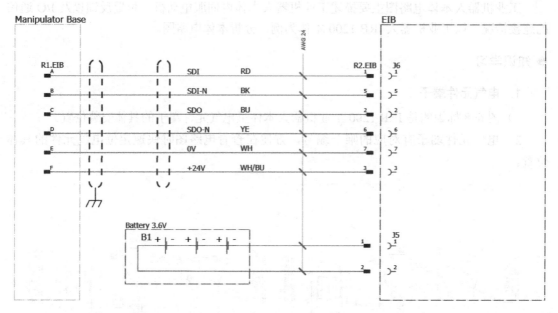

图 6-9　EIB 模块与底座电线连接图

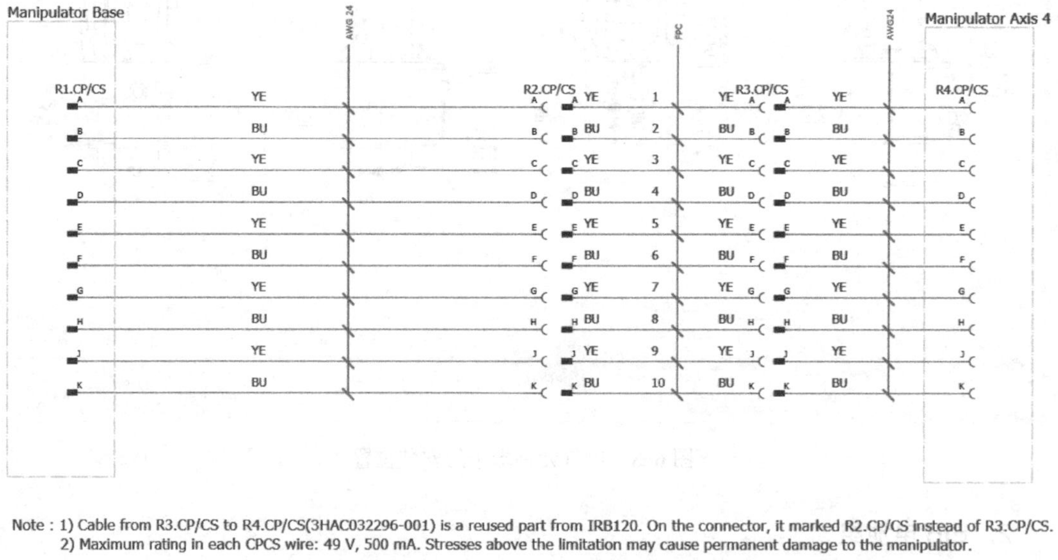

Note : 1) Cable from R3.CP/CS to R4.CP/CS(3HAC032296-001) is a reused part from IRB120. On the connector, it marked R2.CP/CS instead of R3.CP/CS.
2) Maximum rating in each CPCS wire: 49 V, 500 mA. Stresses above the limitation may cause permanent damage to the manipulator.

图 6-10　轴 4 用户电缆接头到底座的接线图

4. 伺服电动机

图 6-11、图 6-12 分别为伺服电动机接线图及伺服电动机编码器与 EIB 模块接线图。

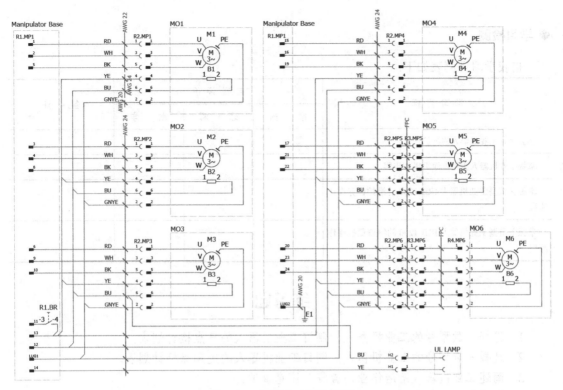

图 6-11　伺服电动机接线图

IRB1200 and IRB1200 Type A

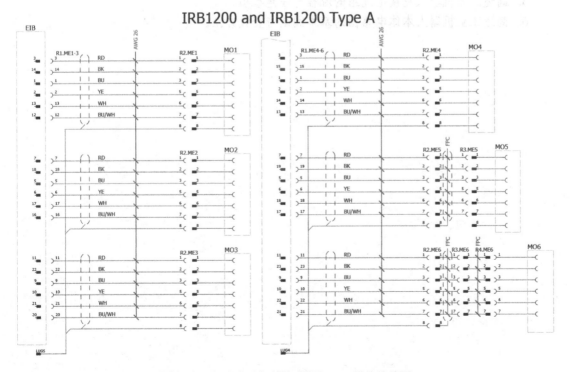

图 6-12　伺服电动机的编码器与 EIB 模块接线图

◆ 学习检测

自我学习评测表如下：

学习目标	自我评价			备 注
	掌 握	理 解	重 学	
学会制订工业机器人的维护计划				
掌握工业机器人更换电池组操作步骤				
掌握关节型工业机器人 IRB 1200 的维护保养操作流程				
掌握关节型工业机器人 IRB 1200 的维修更换操作流程				

练习题

1. 选择一款型号的工业机器人，制订工业机器人的日点检计划表。
2. 选择一款型号的工业机器人，制订工业机器人的定期点检计划表。
3. 简述工业机器人清洁作业的流程与注意事项。
4. 简述检查工业机器人轴机械限位的流程与注意事项。
5. 简述工业机器人更换电池组的流程与注意事项。
6. 简述工业机器人本体电路图的基本阅读与查找方法。

项目七
ABB 工业机器人常见故障的处理

○ 项目目标
- 掌握工业机器人常见故障的处理方法
- 掌握按故障症状进行故障排除的方法
- 掌握按单元进行故障排除的方法
- 了解按事件日志进行故障排除的方法
- 掌握控制柜故障诊断的技巧
- 工业机器人故障代码的查阅技巧

○ 任务描述
通过本项目的学习，掌握工业机器人常见故障的处理方法，当我们在使用或操作工业机器人时遇到故障可以快速定位发生原因进行排查。

任务 7-1　按故障症状进行故障排除

◆ 任务描述
工业机器人的常见故障处理可以分为三大类，分别为：按故障症状进行故障排除，按单元进行故障排除，按事件日志进行故障排除。本任务我们来学习按故障症状进行故障排除的方法。

◆ 知识学习

1. 启动故障
启动故障就是启动系统遇到问题，下面是启动故障可能会有的各种症状：

1）任何单元上的 LED 均未亮起。

2）接地故障保护跳闸。

3）无法加载系统软件。

4）FlexPendant 没有响应。

5）FlexPendant 能够启动，但对任何输入均无响应。

6）包含系统软件的磁盘未正确启动。

如果出现了启动故障，建议采纳的措施见表 7-1。

表 7-1 启动故障出现时的操作

序　号	操　作	备　注
1	确保系统的主电源通电并且在指定的极限之内	您的工厂或车间文档可提供此信息
2	确保主变压器已经正确连接到主输入电路	控制器产品手册中详细说明了如何固定主变压器
3	确保打开主开关	
4	确保控制器的电源供应处于指定的范围内	如有必要，可根据任务 7-2 中 "8. 系统电源故障排除" 对电源单元进行故障排除
5	如果 LED 没有亮，请根据任务 7-1 "4. 控制器的所有 LED 全灭" 操作	
6	如果系统没有响应，请根据任务 7-1 "2. 控制器没有响应" 操作	
7	如果 FlexPendant 没有响应，请根据任务 7-1 "6. FlexPendant 启动问题" 操作	
8	如果 FlexPendant 启动，但是不与控制器通信，请根据任务 7-1 "7. FlexPendant 与控制器之间的连接问题" 操作	

2. 控制器没有响应

控制柜没有响应的故障现象为：机器人控制器没有相应，LED 指示灯不亮。

后果为：使用 FlexPendant 无法操作系统。

可能的原因见表 7-2。

表 7-2 控制器无响应原因

序　号	症　状	建议措施
1	控制器未连接主电源	确保主电源工作正常，并且电压符合控制器的要求
2	主变压器出现故障或者连接不正确	确保变压器正常连接电源电压
3	主保险丝（Q1）可能已经断开	确保控制器内部的主电路保险丝（Q1）没有熔断

3. 控制器性能不佳

控制器性能低，并且似乎无法正常工作，控制器没有完全 "死机"。可能会出现程序执行迟缓，看上去无法正常执行并且有时停止的现象。

可能是由于计算机系统负荷过高，也可能因为以下其中一个或多个原因造成的：

1）复杂的程序逻辑将造成扫描周期超时，使处理器过载。

2）I/O 更新间隔设置为低值，造成频繁更新和过高的 I/O 负载。

3）内部系统交叉连接和逻辑功能使用太频繁。

4）外部 PLC 或者其他监控计算机对系统寻址太频繁，造成系统过载。

处理方式见表 7-3。

表 7-3　控制器性能不佳的处理方式

序　号	操　作	参 考 信 息
1	检查程序是否包含逻辑指令（或其他"不花时间"执行的指令），因为此类程序在未满足条件时会造成执行循环 　　要避免此类循环，您可以通过添加一个或多个 WAIT 指令来进行测试。仅使用较短的 WAIT 时间，以避免不必要地减慢程序	适合添加 WAIT 指令的位置可以是： 在主例行程序中，最好是接近末尾 在 WHILE/FOR/GOTO 循环中，最好是在末尾，接近指令 ENDWHILE/ENDFOR 等部分
2	确保每个 I/O 板的 I/O 更新时间间隔值不会太小。使用 RobotStudio 更改这些值。不经常读的 I/O 单元可按 RobotStudio 手册中详细说明的方法切换到"状态更改"操作	ABB 建议使用以下轮询率： DSQC327A：1000 DSQC328A：1000 DSQC332A：1000 DSQC377A：20～40 所有其他：>100
3	检查 PLC 和机器人系统之间是否有大量的交叉连接或 I/O 通信	与 PLC 或其他外部计算机过重的通信可造成机器人系统主机中出现重负载
4	尝试以事件驱动指令而不是使用循环指令编辑 PLC 程序	机器人系统有许多固定的系统输入和输出可用于实现此目的 与 PLC 或其他外部计算机过重的通信可造成机器人系统主机中出现重负载

4. 控制器的所有 LED 全灭

控制器没有 LED 亮起，系统可能无法操作或者根本没有启动，该症状可能由以下原因引起：

1）未向系统提供电源。

2）可能未连接主变压器以获得正确的主电压。

3）电路断路器 F6（如有使用）有故障或者因为其他原因开路。

4）接触器 K41 故障或者因为其他原因断开，如图 7-1 所示。

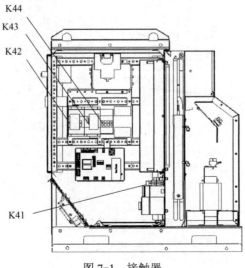

图 7-1　接触器

处理方式见表 7-4。

表 7-4　控制器所有 LED 全灭时的处理方式

序　号	操　　作	参　考　信　息
1	确保主开关已打开	
2	确保系统通电	使用电压表测量输入的主电压
3	检查主变压器连接	在各终端上标记电压。确保它们符合市电要求
4	确保电路断路器 F6（如有使用）处于位置 3 闭合。控制器产品手册的电路图中显示电路断路器 F6	从 Drive Module 电源断开连接器 X1 并测量输入的电压。在 X1.1 和 X1.5 针脚之间测量，如果电压正确（AC 230V）但 LED 仍无法工作，则更换 Drive Module 电源

5. 维修插座中无电压

某些控制器配备了维修电力输出插座，并且此插座仅适用于这些模块。

控制器为外部维修设备供电的维修输出插口没有电，导致连接到控制器维修输出插口的设备不工作。

该故障可能由以下原因引起（各种原因按概率大小顺序列出），如图 7-2 所示：

1）电路断路器跳闸（F5）。

2）接地故障保护跳闸（F4）。

3）主电源断电（X22）。

4）变压器连接不正确。

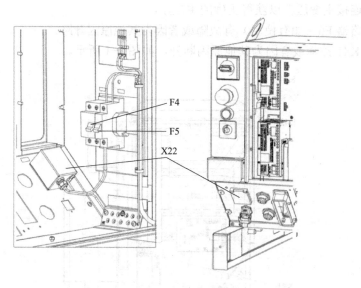

图 7-2　故障位置图

建议的操作见表 7-5。

表 7-5 插座无电压时的解决步骤

序 号	操 作	参 考 信 息
1	确保控制器的断路器没有跳闸	确保与维修插座连接的任何设备没有消耗太多的功率，造成电路断路器跳闸
2	确保接地故障保护未跳闸	确保与维修插座连接的任何设备未将电流导向地面，造成接地故障保护跳闸
3	确保机器人系统的电源符合规范要求	
4	确保为插座供电的变压器（A）连接正确，即输入和输出电压符合规范要求	

6. FlexPendant 启动问题

FlexPendant 完全没有响应或间歇性无响应，导致不能使用 FlexPendant 操作。该故障可能由以下原因引起：

1）系统未开启。

2）FlexPendant 没有与控制器连接。

3）到控制器的电缆损坏。

4）电缆连接器损坏。

5）FlexPendant 控制器的电源出现故障。

建议的操作见表 7-6。

表 7-6 解决 FlexPendant 无响应问题

序 号	操 作	参 考 信 息
1	确保系统已经打开，FlexPendant 连接到控制器	
2	检查 FlexPendant 电缆是否存在任何损坏迹象	如有故障，请更换 FlexPendant
3	如有可能，通过连接不同的 FlexPendant 进行测试以排除导致错误的 FlexPendant 和电缆	
4	如有可能，用不同的控制器来测试 FlexPendant 以排除控制器错误	

7. FlexPendant 与控制器之间的连接问题

FlexPendant 启动，但没有显示屏幕图像，系统不能使用 FlexPendant 操作。该症状可能由以下原因引起：

1）以太网络有问题。

2）主计算机有问题。

建议的操作见表 7-7。

表 7-7　FlexPendant 与控制器之间连接问题的处理

序　号	操　作
1	检查电源到主计算机的全部电缆，确保它们正确连接
2	确保 FlexPendant 与控制器正确连接
3	检查控制器中所有单元的各个 LED 指示灯
4	检查主计算机上的全部状态信号

8. FlexPendant 的偶发事件消息

FlexPendant 上显示的事件消息是不确定的，并且似乎不与机器上的任何实际故障对应。如果没有正确执行，在主操纵器拆卸或者检查之后可能会发生此类故障，会因为不断显示消息而造成重大的操作干扰。该症状可能由以下原因引起：

内部操纵器接线不正确。原因可能是：连接器连接欠佳、电缆扣环太紧使电缆在操纵器移动时被拉紧、因为摩擦使信号与地面短路造成电缆绝缘擦破或损坏。

建议的操作见表 7-8。

表 7-8　偶发事件消息的处理

序　号	操　作
1	检查所有内部操纵器接线，尤其是所有断开的电缆、在最近维修工作期间连接的重新布线或捆绑的电缆
2	检查所有电缆连接器以确保它们正确连接并且拉紧
3	检查所有电缆绝缘是否损坏

9. 机器人微动问题

系统可以启动，但 FlexPendant 上的控制杆不能工作，无法手动微动控制机器人。该症状可能由以下原因引起：

1）控制杆故障。

2）控制杆可能发生偏转。

建议的操作见表 7-9。

表 7-9　解决机器人微动问题的操作

序　号	操　作	备　注
1	确保控制器处于手动模式	
2	确保 FlexPendant 与 ControlModule 正确连接	
3	重置 FlexPendant	按下 FlexPendant 背面的重置按钮重置 FlexPendant，此操作不会重置控制器上的系统

10. 更新固件故障

在更新固件时，自动过程可能会失败，自动更新过程被中断并且系统停止，这个故障经常在硬件和软件不兼容时发生。

建议的操作见表 7-10（按概率列出）。

表 7-10　解决更新固件故障问题的操作

序　号	操　作
1	检查事件日志，查看显示发生故障单元的消息。也可从 RobotStudio 访问日志
2	检查最近是否更换了相关的单元： 如果"是"，则确保新旧单元的版本相同 如果"否"，则检查软件版本
3	检查最近是否更换了 RobotWare： 如果"是"，则确保新旧单元的版本相同 如果"否"，请继续以下步骤
4	与当地的 ABB 代表联系，检查固件版本是否与现在的硬件 / 软件兼容

11. 不一致的路径精确性

机器人 TCP 的路径不一致。它经常变化，并且有时会伴有轴承、变速箱或其他位置发出的噪声，导致无法进行生产。该症状可能由以下原因引起：

1）机器人没有正确校准。

2）未正确定义机器人 TCP。

3）平行杆被损坏（仅适用于装有平行杆的机器人）。

4）电动机和齿轮之间的机械接头损坏。它通常会使出现故障的电动机发出噪声。

5）轴承损坏或破损（尤其是当耦合路径不一致并且一个或多个轴承发出滴答声或摩擦噪声时）。

6）将错误类型的机器人连接到控制器。

7）制动器未正确松开。

要矫正该症状，建议采用下面的操作（见表 7-11）：

表 7-11　解决不一致的路径精确性问题的操作

序　号	操　作	参 考 信 息
1	确保正确定义机器人工具和工作对象	有关如何定义它们的详细信息，请参见操作手册 - 带 FlexPendant 的 IRC5
2	检查各轴零点的位置	必要时更新转数计数器
3	如有必要，重新校准机器人轴	有关如何校准机器人的详细信息，请参见操作手册 - 带 FlexPendant 的 IRC5
4	通过跟踪噪声找到有故障的轴承	根据机器人的产品手册更换有故障的轴承
5	通过跟踪噪声找到有故障的电动机 分析机器人 TCP 的路径以确定哪个轴进而确定哪个电动机可能有故障	根据每个机器人产品手册的说明更换有故障的电动机 / 齿轮
6	检查平行杆是否正确（仅适用于装有平行杆的机器人）	根据每个机器人产品手册的说明更换有故障的平行杆
7	确保根据配置文件连接正确的机器人类型	
8	确保机器人制动器可以正常工作	根据"14. 机器人制动器释放问题"中的说明进行操作

12. 机械噪声或失调

以前未观察到的机械噪声或失调表明轴承、电动机、变速箱等可能有问题。请仔细留意随时间流逝发生的任何变化。有问题的轴承在失效前经常发出刮擦声、摩擦声或者咔嚓声。失效的轴承造成路径精确度不一致，并且在严重的情况下接头会完全抱死。这种问题可能是由以下原因引起的：

1）轴承磨损。
2）污染物进入轴承油槽。
3）轴承没有润滑。
4）散热片、叶片或金属零件松动。

如果从变速箱发出噪声，也可能是由于过热。

建议采取以下措施（见表 7-12）：

表 7-12　处理机械噪声或失调问题的操作

序　号	操　作
1	在接近可能发热的机器人组件之前，请注意安全
2	验证是否按维修计划进行修理
3	如果轴承发出噪声，确定是哪一个轴承，并确保充分润滑该轴承
4	如有可能，拆开接头并测量间距
5	电动机内的轴承不能单独更换，只能更换整个电动机
6	确保轴承正确装配
7	如果散热片、叶片或金属片松动，应拧紧螺钉
8	齿轮箱过热可能由以下原因造成： 1）油的品质或油面高度不正确 2）机器人工作周期运行特定轴太困难。研究是否可以在应用程序编程中写入小段的"冷却周期" 3）齿轮箱内出现过大的压力 4）对于执行特定极重负荷的工作周期的机器人，可以装配排油插销。正常负荷的机器人不装配此类排油插销，但可从 ABB 官方购买

13. 关机时操纵器崩溃

在 Motors ON 活动时操纵器能够正常工作，但在 Motors OFF 活动时，它会因为自身的重量而损毁。与每台电动机集成的制动器不能承受操纵臂的重量。该故障可能对在该区域工作的人员造成严重的伤害甚至死亡，或者对操纵器和 / 或周围的设备造成严重的损坏。这种问题可能是由以下原因引起的：

1）有故障的制动器。
2）制动器的电源故障。

建议采取以下措施（见表 7-13）：

表 7-13　处理关机时操纵器崩溃问题的操作

序　号	操　作
1	确定造成机器人损毁的电动机
2	在 Motors OFF 状态下检查损毁电动机的制动器电源。请参考电路图
3	拆下电动机的分解器检查是否有任何漏油的迹象。如果发现故障，必须将电动机作为一个完整的装置进行更换
4	从齿轮箱拆下电动机，从驱动器一侧进行检查。如果发现故障，必须将电动机作为一个完整的装置进行更换

14. 机器人制动器释放问题

在开始机器人操作或者微动控制机器人时，必须松开内部制动器以允许移动。如果没有松开制动器，机器人不能移动，并且会发生许多错误记录信息。该症状可能由以下原因引起：

1）制动器接触器（K44，见图 7-1）没有正确工作。

2）系统未正确进入 Motors ON 状态。

3）机器人轴上的制动器发生故障。

4）24V 制动电源断电。

建议采取以下措施（见表 7-14）：

表 7-14　处理机器人制动器释放问题的操作

序　号	操　作
1	确保制动接触器已激活。应听到"嘀"的一声，可以测量接触器顶部辅助触点之间的电阻
2	确保激活了 RUN 接触器（K42 和 K43，见图 7-1）。两个接触器必须激活，而不只是激活一个！应听到"嘀"的一声，可以测量接触器顶部辅助触点之间的电阻
3	使用机器人上的按钮测试制动器 如果任一 RUN 接触器未吸合，接触器很有可能发生故障，则需要检查并更换 如果未激活任何制动器，很可能没有 24V 制动电源
4	检查电源，确保 24V 制动电压正常
5	系统内许多其他的故障可能会造成制动器一直处于激活状态。在此情况下，事件日志消息会提供更多的信息。也可使用 RobotStudio 访问事件日志消息

15. 间歇性错误

在操作期间，错误和故障的发生可能是随机的，操作被中断，并且偶尔显示事件日志消息，有时并不像是实际系统故障。这类问题有时会相应地影响紧急停止或运行链，并且可能难以查明原因。此类错误可能会在机器人系统的任何地方发生，可能的原因有：

1）外部干扰。

2）内部干扰。

3）连接松散或者接头干燥，例如未正确连接电缆屏蔽。

4）热现象，例如工作场所内很大的温度变化。

建议采取以下措施（见表 7-15）：

表 7-15　解决间歇性错误的操作

序　号	操　作
1	检查所有电缆，尤其是紧急停止以及运行链中的电缆。确保所有连接器连接稳固
2	检查任何指示 LED 信号是否有故障，可为该问题提供一些线索
3	检查事件日志中的消息。有时，一些特定错误是间歇性的。可在 FlexPendant 上或者使用 RobotStudio 查看事件日志消息
4	每次此类错误发生时，检查机器人的行为等。如有可能，以日志形式或其他类似方式记录故障
5	定期检查机器人和控制柜的工作环境，例如控制柜散热风扇区域有无杂物覆盖
6	调查环境条件（如环境温度、湿度等）与该故障是否有任何关系。如有可能，以日志形式或其他类似方式记录故障

16. 引导应用程序的强制启动

机器人控制器始终以下列模式之一运行：

1）正常操作模式（选择用户创建的系统以运行）。

2）引导应用程序模式（高级维护模式）。

在较少见的情况下，严重错误（所选系统的软件或配置）可能会导致控制器无法进入正常操作模式。典型的情况是在网络配置更改后，某台控制器重启，导致该控制器无法得到 FlexPendant、RobotStudio 或 FTP 的响应。要解决此故障，可以通过操作主电源开关，强制启动进入引导应用程序模式。故障现象为系统有启动问题或 FlexPendant 无法连接到系统。

建议重复下列操作三次：

1）打开主电源开关。

2）等待大约 20s。

3）关闭主电源开关。

当前的活动系统会被取消选择，在后续启动中将执行引导应用程序模式的强制启动。这可以用于从无法正常启动的系统拯救部分数据。对于被取消选择的系统目录下的文件，此操作不会有任何影响，且如果控制器已经处于引导应用程序模式，此操作也不会有任何影响。

任务 7-2　按单元进行故障排除

◆ 任务描述

在前面的学习中我们学习了 ABB 工业机器人控制柜的内部组成。在进行故障排除时，我们也可以根据机器人控制柜的内部组成，按模块进行故障排除。

◆ 知识学习

1. 控制器中 LED 故障排除

控制器配有一些 LED 指示灯，它们能为故障排除提供重要信息。在系统打开时，如果没有LED亮起，请按照任务7-1"4. 控制器的所有LED全灭"所述排除故障。以下描述了相关单元上的所有LED及其含义。

控制柜的单元组成如图7-3所示。

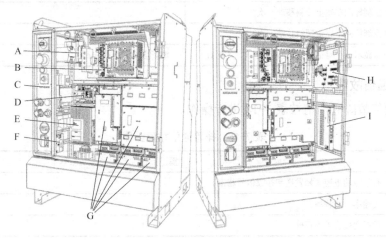

图7-3 控制柜的单元组成

A—用户I/O电源 B—计算机单元 C—LED板 D—配电板 E—系统电源

F—接触器接口电路板 G—驱动系统 H—安全面板 I—轴计算机

2. FlexPendant故障排除

FlexPendant通过配电板与控制模块主计算机进行通信。FlexPendant通过具有+24V电源和两个使动设备链的电缆物理连接至配电板和紧急停止装置。

表7-16详细介绍了在FlexPendant无法正常工作时应采取的操作。

表7-16 FlexPendant无法正常工作时应采取的操作

序 号	操 作
1	如果FlexPendant完全没有响应，请按照任务7-1"6. FlexPendant启动问题"所述方法进行操作
2	如果FlexPendant启动，但是工作不正常，则按任务7-1"7. FlexPendant与控制器之间的连接问题"所述方法进行操作
3	如果FlexPendant启动并且似乎可以操作，但显示错误事件消息，请按任务7-1"8. FlexPendant的偶发事件消息"所述方法进行操作
4	检查电缆的连接和完整性
5	检查24V电源
6	阅读错误事件日志消息并按参考资料的说明进行操作

在因为软件错误或误用而锁定FlexPendant的情况下，您可以使用控制杆或重置按钮（位于带有USB端口的FlexPendant背面）解除锁定。

可按表7-17所列步骤解除锁定FlexPendant。

表 7-17   解除锁定 FlexPendant 步骤

序 号	操 作	参 考 信 息
1	将控制杆向右完全倾斜移动三次	控制杆必须移到其极限位置，因此，移动必须缓慢而明确
2	将控制杆向左完全倾斜移动一次	
3	将控制杆向下完全倾斜移动一次	
4	随即显示一个对话框。单击"Reset"（重置）	重新启动 FlexPendant

3. 排除通信故障

在排除通信故障时，请按表 7-18 进行操作。

表 7-18   排除通信故障操作

序 号	操 作
1	有故障的电缆（如发送和接收信号相混）
2	传输率（波特率）
3	数据宽度设置不正确

4. 主计算机装置故障排除

下面我们来学习主计算机单元的故障排除。计算机单元组成如图 7-4 所示，对应接口说明与类型参见表 7-19。

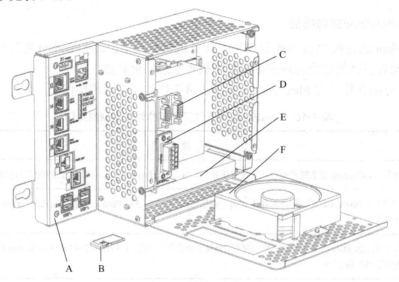

图 7-4   计算机单元组成

表 7-19   计算机单元接口说明

序 号	描 述	类 型
A	计算机单元	DSQC1000 或 DSQC1018
B	带有引导加载程序的 2GB 存储器	—
C	扩展板完成	DSQC1003

156

（续）

序　号	描　述	类　型
D	PROFINET 现场总线适配器	DSQC688
D	PROFIBUS 现场总线适配器	DSQC667
D	Ethernet/IP 现场总线适配器	DSQC669
D	DeviceNet 现场总线适配器	DSQC1004
E	DeviceNet Master/Slave PCIexpress	DSQC1006
E	PROFIBUS-DP Master/Slave PCIexpress	DSQC1005
F	带插座的风扇	—

图 7-5 所示为计算机单元上的 LED。各 LED 的状态说明见表 7-20。

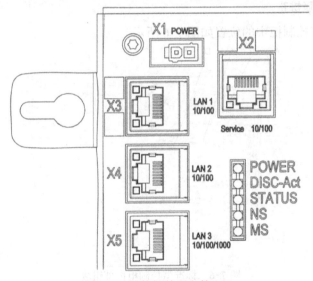

图 7-5　计算机单元上的 LED

表 7-20　计算机单元上 LED 状态说明

描　述	含　义
POWER（绿）	正常启动： 1）关，在正常启动期间，此 LED 熄灭，直到计算机单元内的 COM 快速模块启动 2）长亮，启动完成后 LED 长亮 启动期间遇到故障（闪烁间隔熄灭）。一到四短闪，1s 熄灭。这将持续到电源关闭为止： 1）电源、FPGA 和 / 或 COM 快速模块 2）更换计算机装置 运行时电源故障（闪烁间隔快速闪烁）。一到五快速闪烁。这将持续到电源关闭为止： 1）暂时性电压降低，重启控制器电源 2）检查计算机单元的电源电压 3）更换计算机装置
DISC_Act（黄）	磁盘活动（表示计算机正在写入 SD 卡）

(续)

描　述	含　义
STATUS（黄绿）	启动过程： 1）红灯长亮，正在加载 bootloader 2）红灯闪烁，正在加载镜像 3）绿灯闪烁，正在加载 RobotWare 4）绿灯长亮，系统就绪 故障表示： 1）红灯始终长亮，检查 SD 卡 2）红灯始终闪烁，检查 SD 卡 3）绿灯始终闪烁，查看 FlexPendant 或 CONSOLE 的错误消息
NS（红/绿）	网络状态（未使用）
MS（红/绿）	网络状态（未使用）

5. 安全面板故障排查

安全面板单元在控制柜中的位置如图 7-6 所示。

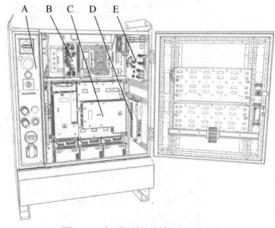

图 7-6　标准型控制柜内部组成

A—操作员面板　B—计算机单元　C—驱动系统　D—轴计算机　E—安全面板单元

安全面板模块主要负责安全相关信号的处理。LED 状态指示灯（A）位于安全面板模块的右侧，如图 7-7 所示。

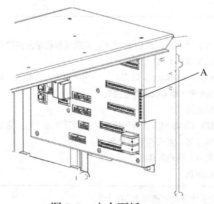

图 7-7　安全面板 LED

安全面板 LED 按由上至下的顺序描述如下（见表 7-21）：

表 7-21　安全面板 LED 说明

描　　述	含　　义
状态 LED	闪烁绿灯：串行通信错误 持续绿灯：找不到错误，且系统正在运行 红灯闪烁：系统正在加电 / 自检模式中 持续红灯：出现串行通信错误以外的错误
指示 LED：ES1	黄灯在紧急停止（ES）链 1 关闭时亮起
指示 LED：ES2	黄灯在紧急停止（ES）链 2 关闭时亮起
指示 LED：GS1	黄灯在常规停止（GS）开关链 1 关闭时亮起
指示 LED：GS2	黄灯在常规停止（GS）开关链 2 关闭时亮起
指示 LED：AS1	黄灯在自动停止（AS）开关链 1 关闭时亮起
指示 LED：AS2	黄灯在自动停止（AS）开关链 2 关闭时亮起
指示 LED：SS1	黄灯在上级停止（SS）开关链 1 关闭时亮起
指示 LED：SS2	黄灯在上级停止（SS）开关链 2 关闭时亮起
指示 LED：EN1	黄灯在 ENABLE1=1 且 RS 通信正常时亮起

6. 驱动系统故障排除

驱动单元模块用于接收上位机指令，然后驱动工业机器人运动，位于控制柜正面的中间位置，如图 7-8 所示。

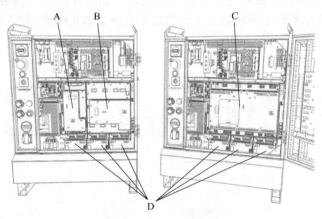

图 7-8　驱动单元组成

A—附加整流器单元（仅用于搭配小型机器人的附加轴）　B—小型机器人的主驱动单元

C—大型机器人的主驱动单元　D—附加驱动单元（用于附加轴）

图 7-9 所示为主驱动单元和附加驱动单元上的 LED。各 LED 状态含义见表 7-22。

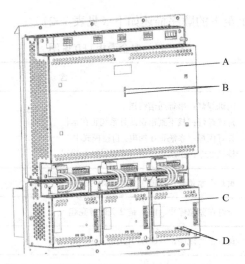

图 7-9 主驱动单元和附加驱动单元上的 LED

A—主驱动单元 B—主驱动单元以太网 LED C—附加驱动单元 D—附加驱动单元以太网 LED

表 7-22 主驱动单元和附加驱动单元上的 LED

描 述	含 义
以太网 LED（B 和 D）	显示其他轴计算机（2、3 或 4）和以太网电路板之间的以太网通信状态 ● 绿灯熄灭：选择了 10Mbps 数据率 ● 绿灯亮起：选择了 100Mbps 数据率 ● 黄灯闪烁：两个单元正在以太网通道上通信 ● 黄色持续：LAN 链路已建立 ● 黄灯熄灭：未建立 LAN 链路

7. 轴计算机故障排除

轴计算机单元模块用于接收主计算机的运动指令和串行测量（SMB）的工业机器人位置反馈信号，然后发出驱动工业机器人运动的指令给驱动单元模块，位于控制柜右侧的位置，如图 7-10 所示。

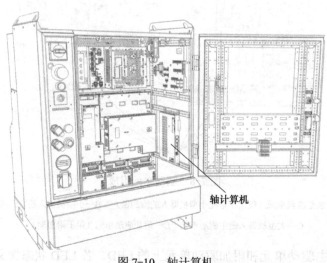

轴计算机

图 7-10 轴计算机

图 7-11 所示为轴计算机上的 LED。各 LED 状态的含义见表 7-23。

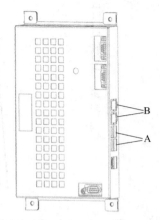

图 7-11 轴计算机上的 LED

A—状态 LED B—以太网 LED

表 7-23 轴计算机上的 LED 说明

描　述	含　义
状态 LED	启动期间的正常顺序： 1）持续红灯：加电时默认 2）闪烁红灯：建立与主计算机的连接并将程序加载到轴计算机 3）闪烁绿灯：轴计算机程序启动并连接外围单元 4）持续绿灯。启动序列持续，应用程序正在运行 以下的情况指示错误： ● 熄灭：轴计算机没有电或者内部错误（硬件 / 固件） ● 续红灯（永久）：轴计算机无法初始化基本的硬件 ● 闪烁红灯（永久）：与主计算机的连接丢失、主计算启动问题或者 RobotWare 安装问题 ● 闪烁绿灯（永久）：与外围单元的连接丢失或者 RobotWare 启动问题
以太网 LED	显示其他轴计算机（2、3 或 4）和以太网电路板之间的以太网通信状态： ● 绿灯熄灭：选择了 10Mbps 数据率 ● 绿灯亮起：选择了 100Mbps 数据率 ● 黄灯闪烁：两个单元正在以太网通道上通信 ● 黄色持续：LAN 链路已建立 ● 黄灯熄灭：未建立 LAN 链路

8. 系统电源故障排除

系统电源模块 DSQC661 用于为控制柜中的模块提供直流电源，位于控制柜左下方的位置，如图 7-12 所示。LED 状态指示灯（A）位于系统电源模块右边的位置，如图 7-13 所示。

系统电源模块指示灯：绿灯亮代表所有直流输出都超出指定的最低水平，绿灯灭代表在一个或多个 DC 输出低于指定的最低水平时。

故障排除所需设备：电阻表、阻抗型负载（如 +24V_PC 上的主计算机）、电压表。

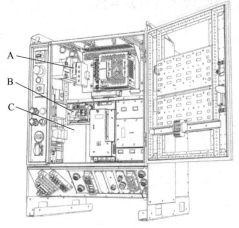

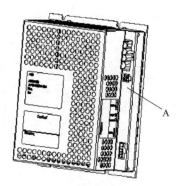

图 7-12　系统电源模块　　　　　　　　　　图 7-13　系统电源模块指示灯

A—用户 I/O 电源　B—配电板　C—系统电源

准备工作见表 7-24。

表 7-24　系统电源故障排除准备工作

序　号	操　作
1	检查 FlexPendant 是否有错误和警告
2	确保控制系统电源处于运行时模式 上电后等待 30s 再执行此操作

故障排除程序见表 7-25。

表 7-25　系统电源故障排除程序

序　号	测　试	注　释	操　作
1	检查 DSQC661 上的 LED 指示灯	LED 指示灯标记为 DC OKLED	该灯为绿色时，DSQC661 应正常工作 该灯为脉冲绿色时，直流输出没有正确连接任何单元（负载）或者输出短路，继续步骤 2 该灯熄灭说明 DSQC661 有故障或者输入电压不足，继续步骤 4
2	检查直流输出和所接的单元之间的连接情况	确保电源连接到 DSQC662。 为使 DSQC661 正常工作，要求 DC 输出连接器 X2 上带有最低 2A 的负载	如果连接正常，继续步骤 3 如果连接有故障或者电源未接到 DSQC662，请维修连接或将其接好 检查确认故障已经排除，必要时重新开始本程序
3	检查直流输出是否存在短路	检查 DSQC661 上的 DC 输出连接器 X2 和 DSQC662 上的输入连接器 X1 测量电压引脚和地之间的电阻。该电阻不应小于 10Ω 注意：不要测量两个引脚之间的电阻。对电源和地都使用了双引脚 IRC5 产品手册中的电路图上显示了 DC 输出连接器 X2	如果没有发现短路，继续步骤 4 如果发现 DSQC661 短路，继续步骤 10 如果发现 DSQC662 短路，维修该设备使其正常工作。检查确认故障已经排除，如有必要，重新开始本故障排除程序

（续）

序 号	测 试	注 释	操 作
4	在输出连接到 DSQC662 或其他负载的情况下测量 DC 电压	DSQC661 需要至少 2A 的负载以输出 +24V 在 DC 输出连接器 X2 处用电压表测量电压。该电压应为：+24V<U<+27V 如果在负载处测得的电压低于 +24V，说明电缆和连接器中有电压降 IRC5 产品手册中的电路图上显示了 DC 输出连接器 X2	如果检测到电压正确且 DCOKLED 为绿色，则电源工作正常 如果检测到电压正确且 DCOKLED 熄灭，则认为电源有故障但不必立即更换 如果检测到没有电压或者电压错误，继续步骤 5
5	测量到 DSQC 661 的输入电压	使用电压表测量电压。电压应为：172 < U < 276V IRC5 产品手册中的电路图上显示了 AC 输入连接器 X1	如果输入电压正确，继续步骤 10 如果检测到没有电压或者输入电压错误，继续步骤 6
6	检查开关 Q1-2	确保它们是闭合的。有关它们实际位置的信息，请参阅 IRC5 产品手册中的"电路图"部分	如果开关闭合，继续步骤 7 如果开关是开路的，则将它们闭上。验证故障已经修正，如果有必要，重新启动本程序
7	检查主保险丝 F2 和可选保险丝 F6（如有使用）	确保它们是接通的。有关它们实际位置的信息，请参阅 IRC5 产品手册中"电路图"部分	如果保险丝接通，继续步骤 8 如果保险丝断开，则应更换 验证故障已经修正，如果有必要，重新启动本故障排除程序
8	确保到机柜的输入电压是该特定机柜的正确电压		如果输入电压正确，继续步骤 9 如果输入电压不正确，请进行调整。验证故障已经修正，如果有必要，重新启动本故障排除程序
9	检查电缆	确保电缆正确连接且无故障	如果电缆正常，问题很可能是由变压器 T1 或输入滤波器引起的。尝试使这部分电源工作。验证故障已经修正，如果有必要，重新启动本故障排除程序 如果发现电缆没有连接或者有故障，应连接或更换。验证故障已经修正，如果有必要，重新启动本故障排除程序
10	DSQC661 可能有故障，更换并检查确认故障已经排除	请参阅 IRC5 产品手册	

9. 配电板故障排除

配电板用于为控制柜里的模块分配直流电源，位于控制柜左边的位置，如图 7-12 所示。LED 状态指示灯位于电源分配模块中下方位置，如图 7-14 所示。

配电板指示灯：绿灯亮代表所有直流输出都超出指定的最低水平，绿灯灭代表在一个或多个 DC 输出低于指定的最低水平。

故障排除所需设备：电阻表、阻抗型负载（如 +24V_PC 上的主计算机）、电压表。

准备工作见表 7-26。

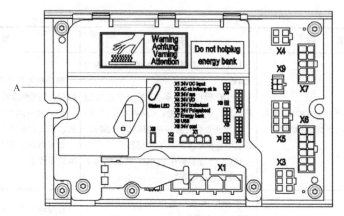

图 7-14　配电板指示灯

表 7-26　配电板故障排除准备工作

序　号	操　作	注　释
1	检查 FlexPendant 是否有错误和警告	
2	确保配电板处于运行模式 加电后等待 1 min 再执行此操作	在关闭交流电之后，DSQC662 上的指示灯 LED（状态 LED）变为红色并保持到 UltraCAP 空为止。这可能需要很长时间且是完全正常的，不表示 662 有问题

故障排除程序见表 7-27。

表 7-27　配电板故障排除程序

序　号	测　试	注　释	操　作
1	检查 DSQC662 上的 LED 指示灯	指示灯 LED 标为 StatusLED	如果 LED 为： ● 绿色，DSQC662 正常工作 ● 脉冲绿色，则发生了 USB 通信错误，继续步骤 2 ● 红色，则输入 / 输出电压过低，并且 / 或者逻辑信号 ACOK_N 过高，继续步骤 4 ● 脉冲红色，则有一个或多个直流输出处于指定的电压之下。确保电缆正确连接到其相应的设备，继续步骤 4 ● 脉冲红 / 绿色，则发生了固件升级错误。这种情况不应该在运行时模式期间发生，继续步骤 6 ● 熄灭，说明 DSQC662 有故障或者输入电压不足，继续步骤 4
2	检查 USB 连接的两端		如果连接似乎正常，继续步骤 6 如果连接有问题，继续步骤 3
3	通过重新连接电缆尝试修正电源和计算机之间的通信	确保 USB 电缆两端正确连接	如果通信恢复，验证故障已经修复并且在必要时重新启动此程序 如果无法修正通信，继续步骤 6
4	一次断开一个直流输出并测量其电压	确保所有时间至少连接有一个设备。为使 DSQC662 正常工作，要求在至少一个输出上接有最低 0.5 ～ 1A 的负载 使用电压表测量电压。电压应为：$+24V < U < +27V$ 有关直流输出的信息，请参阅 IRC5 产品手册中的"电路图"部分	如果在所有输入上检测到电压正确并且 Status LED 为绿色，则电源工作正常 如果在所有输出上检测到电压正确并且 Status LED 不是绿色，则认为电源有故障但不必立即更换 如果检测到没有电压或者电压错误，继续步骤 5

（续）

序　号	测　试	注　释	操　作
5	测量到 DSQC 662 的输入电压和ACOK_N 信号	使用电压表测量电压。输入电压应为：+24V < U < +27V 且 ACOK_N 应为 0V 确保连接器 X1 和 X2 两端正确连接 IRC5 产品手册中的电路图上显示了 DC 输入连接器 X1 和 ACOK_N 连接器 X2	如果输入电压正确，继续步骤 6 如果检测不到输入电压或者检测到的输入电压不正确，对 DSQC661 进行故障排除
6	DSQC 662 可能有故障，更换并检查确认故障已经排除	有关如何更换该装置的详细信息，请参阅 IRC5 产品手册	

10. 接触器接口板故障排除

接触器模块用于控制工业机器人各轴电动机上电与控制机制，如图 7-15 所示。

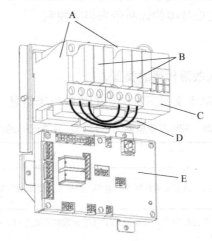

图 7-15　接触器模块

A—电动机开机接触器 K42　B—电动机开机接触器 K43　C—制动接触器

D—跳线（3 个）　E—接触器接口电路板

图 7-16 所示为接触器接口电路板上的 LED。各 LED 状态的含义见表 7-28。

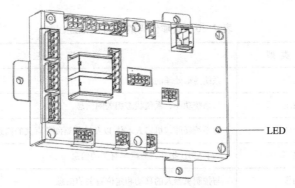

图 7-16　接触器接口电路板上的 LED

表 7-28　接触器接口电路板上的 LED 状态说明

状　态	含　义
闪烁绿灯	串行通信错误
持续绿灯	找不到错误，且系统正在运行
闪烁红灯	系统正在加电 / 自检模式中
持续红灯	出现串行通信错误以外的错误

任务 7-3　按事件日志排除故障

◆ 任务描述

除了按症状进行故障排除和按单元进行故障排除之外，工业机器人本身有完善的监控与保护机制，当机器人自身模块发生故障时，就会输出对应的代码，示教器可以列出所有可用的事件日志消息，可在 FlexPendant 上或者用 RobotStudio 显示出来。在故障排除的同时可以访问这些消息，将会给对应故障的诊断带来很多便利。

◆ 知识学习

1. 了解 ABB 工业机器人故障代码的类型

（1）故障代码的类型　IRC5 支持三种类型的事件日志消息，见表 7-29。

表 7-29　ABB 工业机器人（IRC5）故障代码的类型

图　标	类　型	描　述
	提示	将提示信息记录到事件日志中，但是并不要求用户进行任何特别操作
	警告	用于提醒用户系统中发生了某些无须纠正的事件，操作会继续。这些消息会保存在事件日志中
	出错	系统出现了严重错误，操作已停止。需要用户立即采取行动对问题进行处理

（2）故障代码的编号规则　根据不同信息的性质和重要程度，ABB 工业机器人故障代码的划分见表 7-30。

表 7-30　故障代码的划分及描述

编　号	信息类型	描　述
1××××	操作	系统内部处理的流程信息
2××××	系统	与系统功能、系统状态相关的信息
3××××	硬件	与系统硬件、机器人本体 以及控制器硬件有关的信息
4××××	RAPID 程序	与 RAPID 指令、数据等有关的信息
5××××	动作	与控制机器人的移动和定位有关的信息

（续）

编　号	信息类型	描　　　述
7××××	I/O 通信	与输入和输出、数据总线等有关的信息
8××××	用户自定义	用户通过 RAPID 定义的提示信息
9××××	功能安全	与功能安全相关的信息
11××××	工艺	特定工艺应用信息，包括弧焊、点焊和涂胶等，具体为： 0001～0199：过程自动化应用平台 0200～0399：离散造化应用平台 0400～0599：弧焊 0600～0699：点焊 0700～0799：Bosch 0800～0899：涂胶 1000～1200：取放 1400～1499：生产管理 1500～1549：BullsEye 1550～1599：SmartTac 1600～1699：生产监控 1700～1749：清枪 1750～1799：Navigator 1800～1849：Arcitec 1850～1899：MigRob 1900～2399：PickMaster RC 2400～2449：AristoMig 2500～2599：焊接数据管理
12××××	配置	与系统配置有关的信息
13××××	喷涂	与喷涂应用有关的信息
15××××	RAPID	与 RAPID 相关的信息
17××××	远程服务	远程服务相关的信息

2. ABB 工业机器人常见故障代码解析（见表 7-31）

表 7-31　常见故障代码及解析

报警编号	报警内容	实际可能原因	处理对策
10013	紧急停止状态	按下机器人急停按钮，外部设备给予机器人急停信号	检查机器人急停，检查外部设备急停信号
10014	系统故障状态	程序或参数设置错误	B 启动，如果无效。请尝试"I 启动"恢复到出厂设置（前提是有正常的备份）
		硬件故障	根据系统信息提示进行硬件的诊断和更换
10039	SMB 内存不正常	SMB 上数据和控制柜之间的数据不匹配	根据 SMB 上的数据更新控制柜的数据
10106—10111	检修信息		

（续）

报警编号	报警内容	实际可能原因	处理对策
10095	至少一项任务未选定	多任务处理时，至少有一个任务不能正常启动	所有任务设置正确，可在全功能快捷键处查看，之后再运行
10354	由于系统数据丢失，恢复被终止	上次关机时未正常保存数据	P 启动，如仍未解决，可用备份进行恢复
20032	转数计数器未更新	电池没电，上次非正常关机，SMB 板故障	找到各轴位置，更新转数计数器
20034	SMB 内存不正常	SMB 中的数据和控制柜之间的数据不匹配	根据 SMB 中的数据更新控制柜数据
20094	无法找到载荷名称	没有定义载荷	定义载荷
20095	无法找到工具名称	没有定义工具	定义工具
20106	备份路径	备份路径错误	检查备份路径，不可出现中文
20197	磁盘存储空间严重偏低	磁盘空间太少	检查是否有多个系统，检查是否有过多程序文件，删除不需要的文件
90201	限位开关已打开		
90212	两个通道故障，运行链	运行链双通道未同时断开	检查接线、继电器、外部设备信号，双通道要求同时断开
20600	非正式的 RobotWare 版本	系统为测试版本	重新安装系统
34402	直流链路电压过低	直流链路电压过低，瞬间压降较大	工厂瞬间压降较大，建议在电源输入端增加稳压器
37001	电动机开启（ON）接触器启动错误	1）控制柜线路松动 2）控制柜内部白色旋钮是否在正确的位置	检查线路和控制柜左下角旋钮开关
39403	转矩回路电流不足	在搬运时卸下了电缆，再次连接时，把插头一支针扭曲了	插针恢复后，故障排除
39472	输入电源相位缺失	整流器检测到某一相位出现功率损失	检查接入电压是否过低、正确接线、更换电源板
39520	与驱动模块的通信中断	轴计算机故障	更换
39522	轴计算机未找到	轴计算机故障	更换
41439	未定义的载荷	载荷的重心偏移设置错误	重心偏移 XYZ 数值不能同时为 0，正确定义重心偏移位置
50024	转角路径故障	最后一个移动指令转弯数据 ZONEDATA 未设为 FINE	应设定最后一个移动指令转弯数据为 FINE
50026	靠近奇异点	轴 5 在 0° 附近	该位置点的轴 5 角度尽量避开 0°
50027	关节超出范围		
50028	微动控制方向错误		

（续）

报 警 编 号	报 警 内 容	实际可能原因	处 理 对 策
50050	位置超出范围	在原点不正确的情况下移动机器人时发现	重新校准机械零点
50056	关节碰撞		
50063	不确定的圆		
50174	WOBJ 未连接	机器人 TCP 无法与工件协动	机器人跟踪参数与输送链速度不匹配，调整输送链跟踪参数 Adjustment Speed（机器人移动至首个跟踪点时的速度）
50315	转角路径故障	编程点太近，转弯半径设置过大	缺少不必要的点位，运动指令后面加"/CONC"
50416	电动机温度警告	电动机温度过热	检查电动机制动器，优化程序
71058	与 IO 单元通信失效	通信单元未供电 I/O 总线连接错误 I/O 单元硬件故障	首先检查 I/O 单元供电，从电源分配板开始测量，检查总线连接
71058	与 PROFIBUS 通信失效	发生故障的 ROBOTWARE 的版本是 5.10.02	建议升级到最新的 ROBOTWARE
71300	DeviceNet 通信错误	未正确连接终端电阻	检查 DeviceNet 总线的终端电阻，大小为 120Ω

◆ 学习检测

自我学习测评表如下：

学 习 目 标	自 我 评 价			备 注
	掌 握	理 解	重 学	
掌握工业机器人常见故障处理的方法				
掌握按故障症状进行故障排查的方法				
掌握按单元进行故障排除的方法				
了解按事件日志排除故障的方法				
掌握控制柜故障诊断的技巧				
工业机器人故障代码的查阅技巧				

练习题

1. 简述工业机器人常见故障的处理方法。
2. 控制器性能不佳可能是什么原因造成的？怎么解决？

3. 机器人出现机械噪声或失调是什么原因造成的？怎么解决？

4. 检测到机器人在运行时路径不一致是什么原因造成的？

5. 检测到系统电源发生故障该如何处理？

6. 接触器模块发生故障该如何处理？

7. 示教器出现 50056 报警代码怎么进行故障处理？

8. 示教器出现 37108 报警代码怎么进行故障处理？

9. 示教器出现 39522 报警代码怎么进行故障处理？

10. 简述工业机器人故障代码的类型分类。

11. 简述工业机器人故障代码的编码规则。

参 考 文 献

[1]　叶晖. 工业机器人故障诊断与预防维护实战教程 [M]. 北京：机械工业出版社，2018.

[2]　潘常春，刘朝华. 工业机器人装调与维修技术：微课视频版 [M]. 北京：机械工业出版社，2018.

[3]　韩鸿鸾. 工业机器人装调与维修 [M]. 北京：化学工业出版社，2018.